上海文化发展基金会资助项目

西藏山巅宫堡的变迁

——桑珠孜宗宫的复生及宗山博物馆设计研究

EVOLUTION OF PEAK PALACE–FORTRESS IN TIBET:

Reappearance of Sangshutse Palace-fortress and Design of the Museum

常青 著
CHANG QING

目录

Contents

引言

自古以来，藏民族心底的圣地，当首推神灵所居的圣洁之山。从佛教的须弥山，到苯教的冈底斯山 - 冈仁波齐峰，再到拉萨的布达拉红山，都是连接天地，沟通人神的膜拜对象。在传统西藏社会，圣山上的宫堡，是藏民族集体记忆中最重要的建筑象征。从公元前 2 世纪山南的雍布拉康开始，7 世纪拉萨的布达拉宫，10 世纪阿里的古格王宫，以及 14 世纪兴起的各地宗山宫堡等，都是一脉相承的山巅建筑意象。俗称“小布达拉宫”的桑珠孜宗宫，就是其中的一处宗山经典。

桑珠孜宗宫位于日喀则老城区的日光山顶，与山麓的扎什伦布寺上下比邻，东西相望。在 600 余年的历史长河中，这座宗宫一直都是古城的天际线制高点。除了拉萨的布达拉宫，在西藏所有的宗山建筑中，唯日喀则宗宫的历史地位最高，形制也最为严整，不但是后藏的景观地标，也是当地民众的心理地标。然而，这座雄伟的宗山宫堡不幸在 20 世纪 60 年代后期遭难，被当作农奴制的象征整体拆除，仅留下断垣残壁的下部废墟。近 40 年后，在当地社会各界的强烈呼吁下，桑珠孜宗宫的遗址保护、外观复原和宗山博物馆建设工程终于在 2004 年正式启动，成为上海市迄今援藏项目中最大的一个。同济大学建筑设计（集团）有限公司作为代理甲方，承担了全过程设计、施工配合和各方协调的重任。经过 6 载努力，完成了宗宫的废墟加固和整体完形，重新恢复了日喀则的历史天际线，在宗宫内部精心设计了后藏地区第一座历史博物馆。同时，这一特殊工程事件也成为国内外关注、惊叹和质疑的对象。将一处历史建筑的废墟复原完形，其依据到底何在？价值究竟如何？本书从文字记载、图像和口述史资料的分析入手，从宗宫原型及历史特征研究、宗宫废墟修复及博物馆设计理念等方面，全面回应了这些问题，并扼要讨论了宗宫变迁、再现和活化的历程及其意义。

宗山博物馆工程设计有四个基本点。其一，是探索宗山建筑的渊源与流变，特别是对宗宫原型的追溯，以及对其历史价值的判定，这是工程实施的重要前提和设计基础。其二，是明确设计的宗旨，不仅仅是要复原历史上的宗政府建筑（毁前非文物保护单位），更是要恢复以宗宫为中心的日喀则老城历史天际线，其政治、社会和环境意义已远远超越历史建筑复原本身的必要性。第三，是要完整保存宗宫废墟，并探索以新衬旧的废墟展示方式，以及将保存残形和达至完形有机结合的设计和实施方法——这也是在特殊情形下，对现代被毁的城市历史地标处置方式的探索。最后，是妥善解决现代博物馆的功能需求与历史地标内部空间特征之间的矛盾。

总之，本书以大量的西藏历史文献、丰富的图文资料，剖析了一个与政治、经济、文化均有着密切关联的历史城市的标志性事件；探讨了如何以尊重原真的废墟保存和依据充分的整体完形方式，来重现伟大的历史地标，因应和化解其中的文化与技术难题；并阐述了历史意识和当代创意对此类工程设计的重要意义。由于在学术研究和工程实践方面的作为，本工程先后获得多个国内和国际的重要设计奖项。

上篇　桑珠孜宗宫的原型与特征

Part I　Archetype and Character of the Sangzhutse Palace-fortress

一、宗山建制

西藏自治区第二大城市日喀则，建制于元末，至明末清初一度是全藏的政治统治中枢。从第四世班禅喇嘛罗桑·曲吉坚赞（1570—1662）起，班禅转世制度肇始，扎什伦布寺也从此成为历代班禅喇嘛的驻锡地。与扎什伦布寺建寺有着历史渊源且地望相依的桑珠孜宗宫，创制于元末藏传佛教的“帕竹噶举派”。元代乌斯藏归元廷宣政院管辖的制度见于《元史·百官志》。据元代成书的《朗氏家族史》记载，元至正十七年，即藏历第六绕迥火鸡年（1357），朝廷册封乌斯藏帕竹政权万户长，出身朗氏家族的绛曲坚赞（1302—1364，又译绛求坚赞）为大司徒[①]（图 1）。在元廷的支持下，以绛曲坚赞为首的帕竹噶举派取代了萨伽派的统治。随后，绛曲坚赞又废除“万户制”（元代曾设有十三个万户），以其控制的溪卡（大庄园）为基础，在藏区划出十三个大宗（政教合一的地区行政单位），包括拉萨地区的乃乌宗、扎嘎宗、伦珠孜宗、齐日达孜宗，日喀则地区的仁蚌宗、桑珠孜宗、江孜宗、白朗宗、密嘎宗，以及山南地区的佳孜哲古宗、约卡达孜宗、乃东宗、贡嘎宗等[②]。宗的主事称“宗本”，三年一轮替，为第五品级的行政长官。每宗有两个宗本，负责管理宗内日常民政事务和钱粮仓储。明清时期的宗政府在政治、军事上均受朝廷节制。宗的数量随时代变迁而逐渐扩充，到了清末民初，全藏共有 53 宗，下辖 123 溪（小宗）[③]。

图 1 唐卡中的绛曲坚赞像

所谓“宗”（dzong），本是建筑的称谓，特指“碉堡”“堡寨”，后引申为地方政府及其所在地的指称，也作“宗堡”“宫堡”“宗宫”等，均为碉房与堡垒合一的堡寨或山巅城堡。宗政府建筑若选址在位置显要的临川山头上，则称为“宗山”，现存比较

① 大司徒 · 绛求坚赞 . 朗氏家族史 [M]. 赞拉 · 阿旺，佘万治，译 . 陈庆英，校 . 拉萨：西藏人民出版社，1989:198.
② 第五世达赖喇嘛 . 西藏王臣记 [M]. 郭和卿，译 . 北京：民族出版社，1983：130. 以及相关文献。
③ 达斯 . 拉萨及西藏中部旅行记 [M]. 陈观胜，李培茱，译 . 北京：中国藏学出版社，2005：139.

图 2 江孜宗山天际线

图 3 江孜宗山敦实低矮的板门

图 4 江孜宗山室内

图 5 贡嘎宗堡遗址

完整的实例为江孜的宗山建筑（图 2—图 4），贡嘎、定结、曲松、帕里等地存有宗堡遗址（图 5）。

绛曲坚赞夺取政权后，将萨迦派的夏鲁万户驻地迁到日喀则，属地初取名“溪卡桑珠孜”。“溪卡”意为庄园，“桑珠”近于“如意”，“孜”表示“巅峰”；“溪卡桑珠孜”即“如意山庄”，是日喀则这座城市的旧称。“桑珠孜宗”本是十三大宗中最后设立的一宗，但由于日喀则在当时的地位和绛曲坚赞的直接过问，这座宗宫在 1360 年前后修建，竟后来居上，在尺度规模、形制等级和精美程度上，均高于同期建造的其他宗山建筑（图 6）。明永乐七年（1409），西藏格鲁派创始人宗喀巴（1357—1419）在拉萨达孜县旺波日山建黄教祖庭甘丹寺，形制做法在黄教寺院中最为严整，红、白宫配置。明正统十二年（1447），宗喀巴最小的弟子根敦珠巴（1391—1474），即后来的一世达赖喇嘛，创建扎什伦布寺，赞助人之一就是桑珠孜宗宫当时的宗本琼结巴·班觉桑波，因此扎什伦布寺的体量和一些造型元素与桑珠孜宗宫的关联是可以想见的。16 世纪中，帕竹统治者内讧，政权多次易位，明嘉靖四十四年（1565），贵族辛夏·才旦多吉夺取统治地位，形成后来统治全藏 20 余年的藏巴汗政权的雏形，桑珠孜宗宫在这一时期亦有整修和扩建，依然是后藏最重要的统治中心之一。明崇祯十五年（1642），青海和硕部蒙古王固始汗（1582—1655）大军在格鲁派僧众的武装配合下攻占宗宫，推翻第悉藏巴汗统治，建立了以五世达赖阿旺·罗桑嘉措（1617—1682）为精神领袖，统治全藏的噶丹颇章政权（因五世达赖喇嘛曾驻锡哲蚌寺噶丹颇章殿而得名）。期间五世达赖于 1652 年赴北京觐见清顺治皇帝，布达拉宫西大殿壁画便描绘了当时的情景（图 7）。此时全藏的政治中心在拉萨得到巩固，桑珠孜宗政府管辖的范围缩小到日喀则地区，城市名称中的“桑珠”亦被取消，仅保留简称“溪卡孜”，即“日喀则”。从此“溪卡桑珠孜宗”只能称作“日喀则宗”，而桑珠孜宗宫的美称却在民间流传下来。西藏废除农奴制之前，日喀则宗曾被升格为四品的“基宗”，政治地位略有提升。

图 6 历史上的桑珠孜宗宫

图 7 布达拉宫壁画中的五世达赖喇嘛觐见清顺治帝图

二、宗山的原型

作为宗政府所在，宗山建筑包括议事厅、经堂、佛堂、僧俗住所、监房、仓储等空间设施。一般认为，宗山建筑的原型主要来自藏区的山地“碉房”“碉楼”。从汉唐文献的记载可知，这些碉房形态至迟在 2 000 多年前已经存在。

据《史记·西南夷列传》可略知，西南地区至迟在公元前2世纪已有农业“邑聚”存在，游牧部族“皆编发，随畜迁徙”，被统称为“巴蜀西南外蛮夷”。古代藏区的统治阶层虽早已有农耕定居的宫室，但仍保留着逐水草而居，使用移动帐幕的游牧习俗，尤其是上层阶级，可以说两种生活形态始终混合存在。据《旧唐书·吐蕃传》记载，“贵人处于大毡帐，名为拂庐”。《新唐书·吐蕃传》更称“其赞普居跋布川，或逻娑川，有城郭庐舍不肯处，联毳帐以居，号大拂庐，容数百人”。所谓“城郭庐舍”者，其实就是以碉房为原型的宫堡。

那么，碉房这种原型又是怎么来的呢？从文化地理背景看，昆仑山脉、甘青之间的祁连山脉和云贵高原西侧的横断山脉，共同簇拥着中国疆域内平均海拔最高的青藏高原。其位于半干旱、半湿润的文化地理交界线——400毫米等降水量线以北，平均海拔在4 000米以上，高寒缺氧，大部分地区年平均降雨量在50～80毫米，因此采暖御寒是环境适应的关键所在，这也在平顶、厚墙、低层高等建筑特征中体现了出来。虽然自古以来，这里以藏族为主体的汉藏语系各民族建筑和阿尔泰语系各民族建筑，就与400毫米等降水量线以南汉族等民族的传统建筑存在着很大的形态差异，但对西南地区的一些民族而言，其偏好这种平屋顶建筑的习俗，似乎超越了地理气候的选择，分布范围实际上到了800毫米等降水量线，即南方与北方的地理分界线附近（图8）。

据《后汉书·南蛮西南夷列传》的记载，与藏族族源关系密切的“冉駹”部落，“依山居止，累石为室，高者至十余丈，为邛笼”。李贤注解说“今彼土夷人呼为‘雕’也”。此“雕”应为“碉”的假借字，即石砌碉楼。《隋书·西域传·附国》将这种石室称为“碟”，每层间“以木隔之”，透露出内部楼层为木结构。《旧唐书·吐蕃传》进一步阐明其“屋皆平头，高者至数十尺”，至清代《西藏记》下卷《房舍》称为“碉房”。（图9，图10）

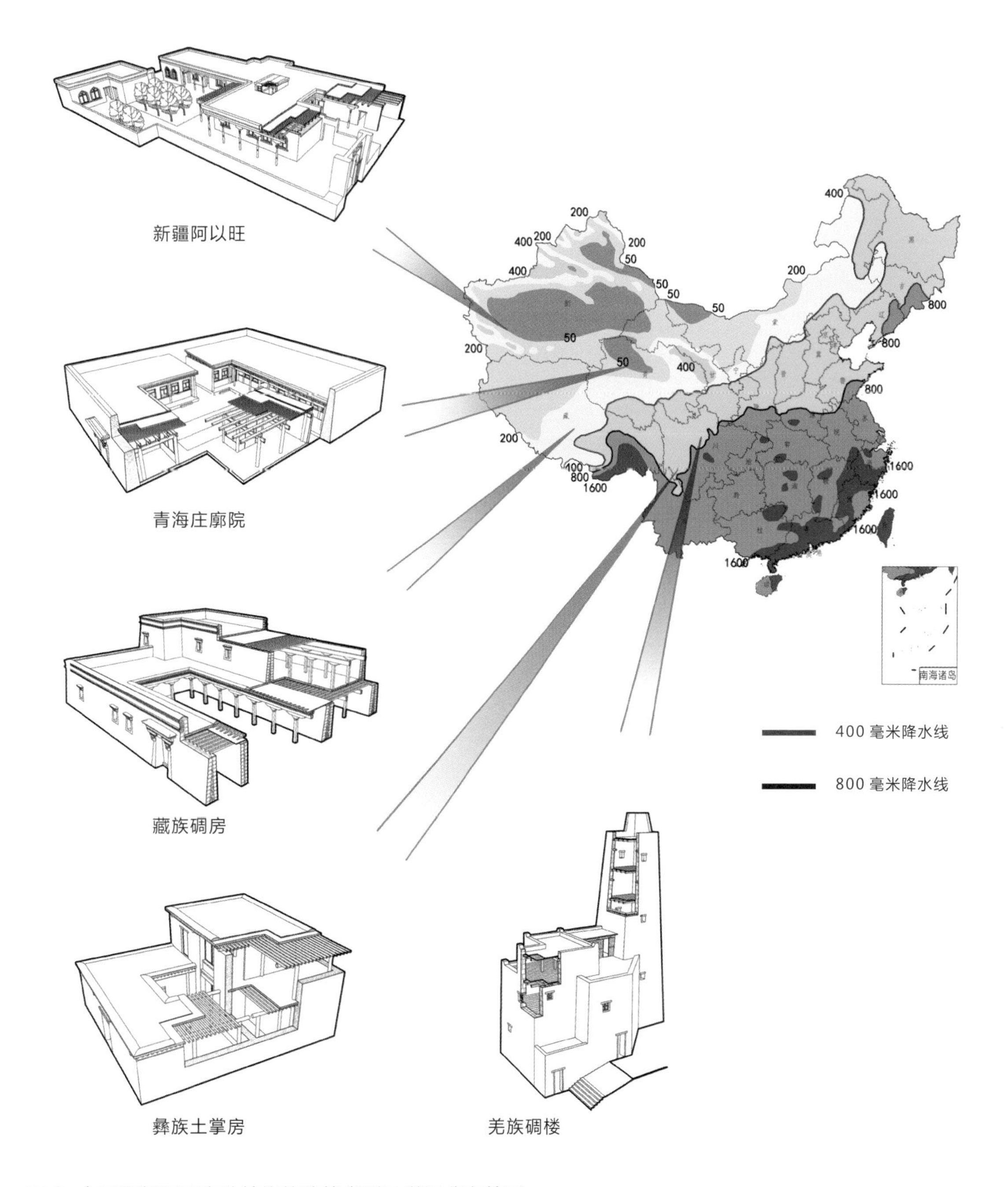

图 8 中国西部平顶密肋结构的建筑类型及谱系分布简图

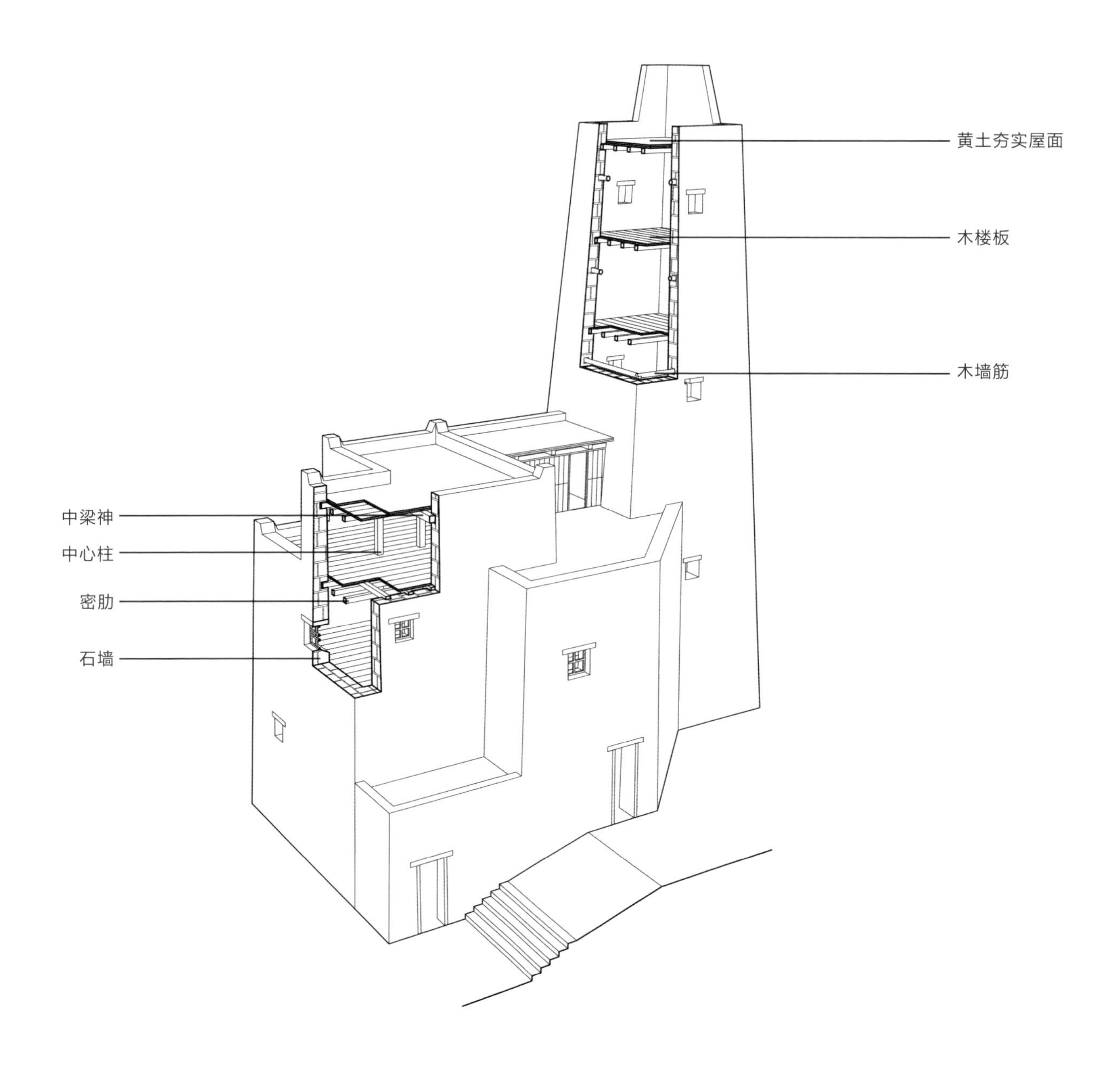

图 9　羌族碉楼结构示意图

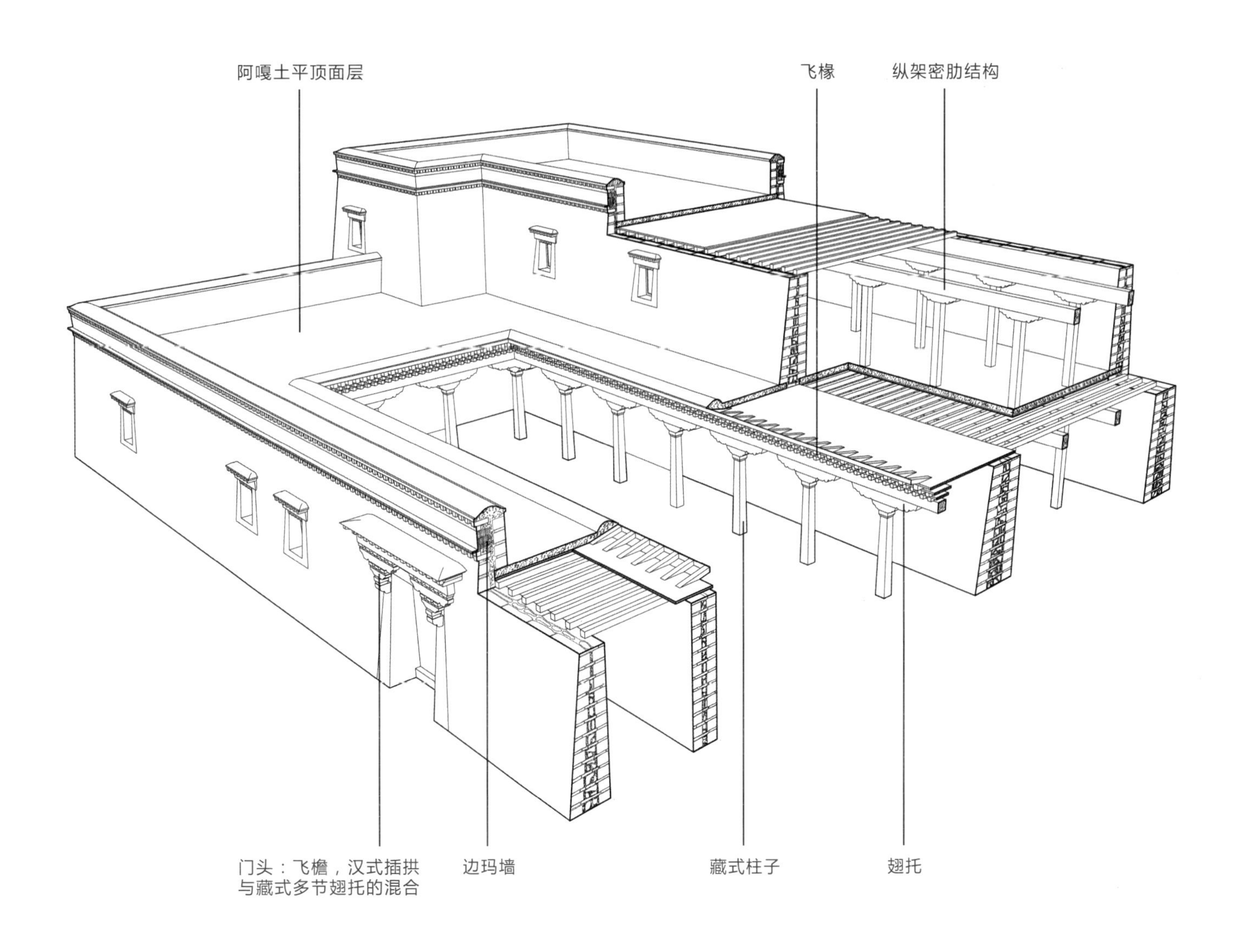

图 10 藏族碉房结构示意图

图 11　典型的藏族碉房门头下汉藏混合式斗拱

图 12　山南乃东县泽当镇的雍布拉康（藏族文献多传其曾为第一代藏王聂赤赞普宫殿）

图 13　山南琼结第九代赞普布代贡杰始建的青瓦达孜宫遗址

从这些汉籍记载可知，汉唐之际，青藏高原上碉房原型的特征已清晰可见：平屋顶，内部为木结构，外部为石砌围护体，可建成高耸的碉楼，与今日所见以石砌厚墙做围护体，以木构平顶密肋飞椽形成构架，并以“阿嘎土”敷地墁顶的藏式碉房（碉楼）基本相符。从古代结构体系的源流看，这种碉房原型，与中亚地区和北印度普遍存在的纵列梁柱－大翅托（梁托）－密肋（平椽）的平顶结构体系，似可看作相互关联的建筑原型共同体。而飞椽和斗拱（多节翅托与早期汉式一斗三升挑拱结合的藏式斗拱）则表露了与汉地早期木构建筑的源流关系（图 11）。这些形态特征及其源流与后文引述的历史文献记载是基本吻合的。

几乎所有的西藏古史记载都会提到宗山建筑最早的原型——雍布拉康。约在秦汉之际，第一代藏王聂赤赞普在山南乃东县泽当镇的扎西次仁山顶端修建了这座宫堡。藏族传说皆以此处为遗址所在，现状建筑虽为后世重建，但这座建筑所在的地点却被广泛认定为象征西藏王统的山巅宫堡源头，其文化象征意义早已超越了建筑本身的考古学价值（图 12）。第二个早期实例，是传说始建于第九代赞普布代贡杰时期的山南琼结县青瓦达孜宫，今仅留有少量古代城垣废墟，亦无考古学上的断代依据（图 13）。第三个实例即公元 10 世纪阿里地区札达县托林镇的吐蕃古格王国遗址，当时的碉楼形态特征被保留了下来：顺山势砌筑城堡碉楼，堡墙与山体犬牙交错，墙基从崖面生起，包绕山体顶部，形成山、堡一体的防御系统，或即接近于汉唐史料记载中的“邛笼”，但并无堡台和宫楼的层次区分，与 13 世纪山南曲松吐蕃后裔所建拉加里王宫遗址类同（图 14，图 15）。

从基本需求观之，修筑宗山建筑本是出于防御外敌和控制周边的需要，但从环境选择和文化象征的角度看，宗山的营造还与藏族古来的山神崇拜密切相关。在起源于古羌象雄文化的雍仲苯教（Bonismo）信仰中，自古就有崇拜冈底斯山脉的冈仁波齐山峰（图16）和杂日沙巴尔山峰的传统。自西而东的“雅拉香波”“念青唐古拉”“库拉日杰”和“沃德贡杰”，是藏区山神体系中非常显赫的四个神灵崇拜对象，与之相关的山神体系覆盖了藏区所有被赋予神性的大大小小山峰。印度佛教的右旋绕塔（佛）仪式，其“支提”（chaitya）的含义也融入了西藏的“转山”膜拜、“煨桑”燎祭、垒筑“玛尼堆”（石坛，图17）、挂五彩经幡等，都是把佛教与苯教相融合的山神崇拜仪式和场景要素，体现了藏民族敬畏自然的民族特质和人文情怀。由此，但凡神山上的土、石、草木，均为神灵所属，不能随意挪动取用。因此无论是早期的碉楼还是后来的宗山宫堡，只要是坐落在这类神山之上，就要依山体形势而建，竭力避免以挖填或削平等方式改变山形地貌，从而形成建筑高低错落的竖向天际线和蜿蜒起伏的横向基底线（图18）。

三、宗宫与布达拉宫

桑珠孜宗宫建成后鲜见有详细的文献记载，其建筑意象200多年后才在一部藏语文献中清晰起来。藏传佛教觉囊派高僧觉囊达热那他（1575—1634），在其所著《后藏志》一书中称，日喀则城为大司徒绛曲坚赞经略，是妙善祥瑞、地脉钟灵之地，东临潺潺的年楚河，南有璁绿蔓遮的大草原和远山，北望滔滔的雅鲁藏布江，西靠帝释天坐骑——卧象般的尼玛山（日光山）主峰，及其垂首俯视之状若六狮攀缘的前峰。从地貌看，宗宫所在尼玛山前峰的风化岩山坡上，确有多个嶙峋突起的巨型岩石，颇具雄狮攀缘的态势。绛曲坚赞在此选址，将桑珠孜宗宫建在其上，被称为“僧格竹则”（六狮之顶），噶玛噶举派黑帽系九世活佛旺秋

图 14 始建于 10 世纪的阿里札达古格王国遗址

图 15 始建于 13 世纪的山南曲松拉加里王宫遗址

图 16 冈底斯山冈仁波齐峰

图 17 青藏高原上的玛尼堆

多吉（1556—1603）曾为此吟道：

福泽成就心事此宫堡，屋顶光华夺目飞檐灿，白云飘飞太阳闪闪照，衬映珠光宝气相交辉。纯净颜料金银和朱砂，细磨均匀涂绘无量宫，屋顶四角竖起胜利幢，日月绕旋运行避开它。[①]

这首颂诗透露了16—17世纪时桑珠孜宗宫的几个重要的外观信息：檐部出挑，镶嵌金银喇嘛教饰物，供奉无量寿佛（即阿弥陀佛，班禅喇嘛被托为其化身）的宫堡部分以朱砂涂成红色，屋顶四角竖起经幢。据此可以推测，这些特征与20世纪上半叶中外人士拍摄的宗宫影像是基本吻合的，可间接证明后者保留了初建时的重要特征。那么，在《后藏志》的记载之后，宗宫又发生过什么变化？与拉萨布达拉宫的关系究竟如何？

图18 从桑珠孜宗宫废墟看建筑的基底线及与山体的镶嵌关系

松赞干布统治时期始建的布达拉宫，应是早期与宗山宫堡有着共同原型的重要史迹。在旧西藏统治阶层中，历来有一种传说，称1049年旅藏的印度僧人阿底峡（Atisa，982—1054）发现了大昭寺柱上宝瓶顶的“伏藏”——《柱间史：松赞干布遗训》。书中第十章述及红山的赞普城邑（即初建的布达拉宫），称其为一方城，城墙总长一“由旬”（梵语yojana，约合十余公里），内有999座堡垒式红宫殿宇，雕梁画栋，金碧辉煌，飞檐翘角，美不胜收，并提到其红宫南面建有一座“粟特族人建筑式样”的后妃宫殿，以错金银桥将二者相连[②]。这段描述值得注意的有两点：一是很像方城、红墙、黄瓦、彩栋的汉地皇宫和木构坡顶殿堂的意象，与清初重建的布达拉宫有明显差别，显系想象性描述；二是所谓“粟特式”，应即平顶纵架的中亚东伊朗建筑风格，与藏族碉房在结构体系上相

① 觉囊达热那他．后藏志[M]．佘万治，译．阿旺，校．拉萨：西藏人民出版社，2002:97-99.
② 阿底峡尊者．柱间史：松赞干布遗训[M]．卢亚军，译．北京：中国藏学出版社，2010:86.

图 19 清乾隆年间故宫藏唐卡《松赞干布画像》

类。《柱间史：松赞干布遗训》的描述在此后的藏文文献中反复出现。如索南坚赞（1312—1375）未完成之遗作、成书于 1388 年的《西藏王统记》第十二章中，对拉萨红山顶建造的这座宫殿有相似描写：“定于阳木羊年为新城堡奠基。墙高约三十版土墙重叠之度，高而且阔，每侧长约一由旬余。大门向南。红宫九百九十九所，合顶上赞普寝宫共计宫室千所。飞檐女墙，走廊栏杆，以宝严饰，铃声震动，声音明亮，建造堂皇壮丽。”① 而那座后妃宫殿则改称“仿霍尔人城堡之式”②。250 余年后，五世达赖在《西藏王臣记》第四章中对此所述与上两本书如出一辙，只是将方城变成了三重③。清宫旧藏西藏唐卡《松赞干布画像》的人物背景，所绘大昭寺应即方城的形态（图 19）。上述三部书的共同点是都着

① 索南坚赞 . 西藏王统记 [M]. 刘立千，译注 . 拉萨：西藏人民出版社 ,1985:58.

② 霍尔人一般被认为是中亚突厥语系民族的一支，南迁原西康地区并逐渐融入藏族。

③ 第五世达赖喇嘛 . 西藏王臣记 [M]. 郭和卿，译 . 北京：民族出版社 ,1983:28.

重提到了巍峨的城堡、方形城垣、999 座金碧辉煌的宫殿，以及佛教意味的装饰元素，如金铎、尘拂、珍珠网鬘、璎珞、经幡等。尽管从叙事者所处的时空背景看，无论是阿底峡、索南坚赞，还是五世达赖所处的时代，唐时的布达拉宫建筑均已毁弃，所剩遗迹只有红山顶上的曲杰竹普殿（法王洞）和帕巴拉康（圣观音殿）（图20），但这些文献描述都透露出，西藏山巅宫堡意象的共同原型可追溯到公元前 2 世纪（雍布拉康），10 世纪前后仍留有保存相对完整的遗址。与本书研究的对象相关，这些建筑意象在元末桑珠孜宗宫所代表的宗山建筑中表现了出来。

图 20 布达拉宫法王洞外景

文献叙述和历史图像均显示，因历史地位特殊，桑珠孜宗宫与布达拉宫在形制和气势上非常类似，都是中央红宫（政教神圣空间）、两侧白宫（僧俗管理空间）的形态构成。总体上比较，二者中部皆略高于两侧，就连西端的圆堡都很相似，只是在规模、体量和细部上有所区别而已。如二者的红、白体部在整座建筑中所占比例不同，反映了二者在政、教两方面的地位差异，故布达拉宫的红宫，比桑珠孜宗宫的红宫在体量上要大得多。实际上，桑珠孜宗宫比布达拉宫在清顺治二年（1645）始建的白宫和康熙二十九年（1690）始建的红宫分别要早约 285 年和 330 年以上，关于二者之间存在着某种亲缘关系的推测和传说由来已久（表 1）。然而这些推测和传说会有历史的实证依据吗？

据史料记载，1642 年五世达赖喇嘛被固始汗从拉萨请到桑珠孜宗宫，在“威镇三界殿”坐床问政，留下了红宫内的寝宫供后世瞻仰。噶丹颇章政权的雏形，其实就诞生在这座宗宫之中。回到拉萨后，五世达赖先是在哲蚌寺驻锡，后移居新修的布达拉宫白宫。又 45 年后，红宫的重建方告完成，成为达赖喇嘛寝宫所在。这些事件均发生在觉囊达热那的记载之后，因此布达拉宫一方面延承了布达拉宫的历史意象（红色宫堡），保留了初建时的遗迹，另一方面也应受到桑珠孜宗宫的

表 1 桑珠孜宗堡与布达拉宫比较简表

名称	现状始建年代	建筑形制	使用功能	建筑纵长	建筑高度
桑珠孜宗宫	1360 年（元至正二十年，一说 1358 年）	红、白宫制，红宫体量小于白宫，木柱密肋平顶，石墙围护。无汉式金顶。堡台平直，有东、西大堡（西面圆形）	原地方宗政府，佛殿、经堂、五世达赖喇嘛临时寝宫等	约 230 米	距山脚约 90 米
布达拉宫	1645 年（清顺治二年,白宫)；1690 年（清康熙二十九年，红宫）	红、白宫制，红宫体量大于白宫，木柱密肋平顶，石墙围护。有汉式金顶。堡台高低错落，有东、西大堡（西面圆形）	噶厦政府（原全藏政府），达赖喇嘛寝宫，佛殿、经堂、灵塔等	约 360 米	距山脚约 115 米

影响[①]。二者之间的关系，还可从唐卡的布达拉宫图像中管窥一斑。

现知最早的布达拉宫图像，是德国人基歇尔（Athanasius Kircher， 1602—1680）根据奥地利人白乃心（Jean Grueber，1623—1680）1661 年游历西藏记行所绘制的一幅版画[②]。画中的布达拉宫试图从气势上表达白宫建成后的山巅宫堡雄姿，但明显带有欧洲中世纪城堡特征，屋顶有雉堞和穹顶，没有出现之字形蹬道。山下的人物、服饰、马车等，虽亦可有对重建布达拉宫的工地联想，但从表象上看依旧是欧式的。这种“西化”的建筑图像，是那个时代西方人描绘东方建筑的普遍做法（图 21）。

① 原日喀则宗的建制沿革与行政体制 [M]. 次仁班觉，译 // 阿旺久美，日喀则地区文史资料编辑委员会，编 . 日喀则地区文史资料选辑（第一辑）. 拉萨：西藏人民出版社 ,2006:51. 另参见边巴次仁译文（附录 2）。

② 基歇尔 . 中国图说 [M]. 张西平，杨慧玲，孟宪谟，译 . 郑州：大象出版社 ,2010:153.

图 21 基歇尔《中国图说》中的布达拉宫图（版画）

图 22 清康熙年间布达拉宫藏唐卡中的布达拉宫

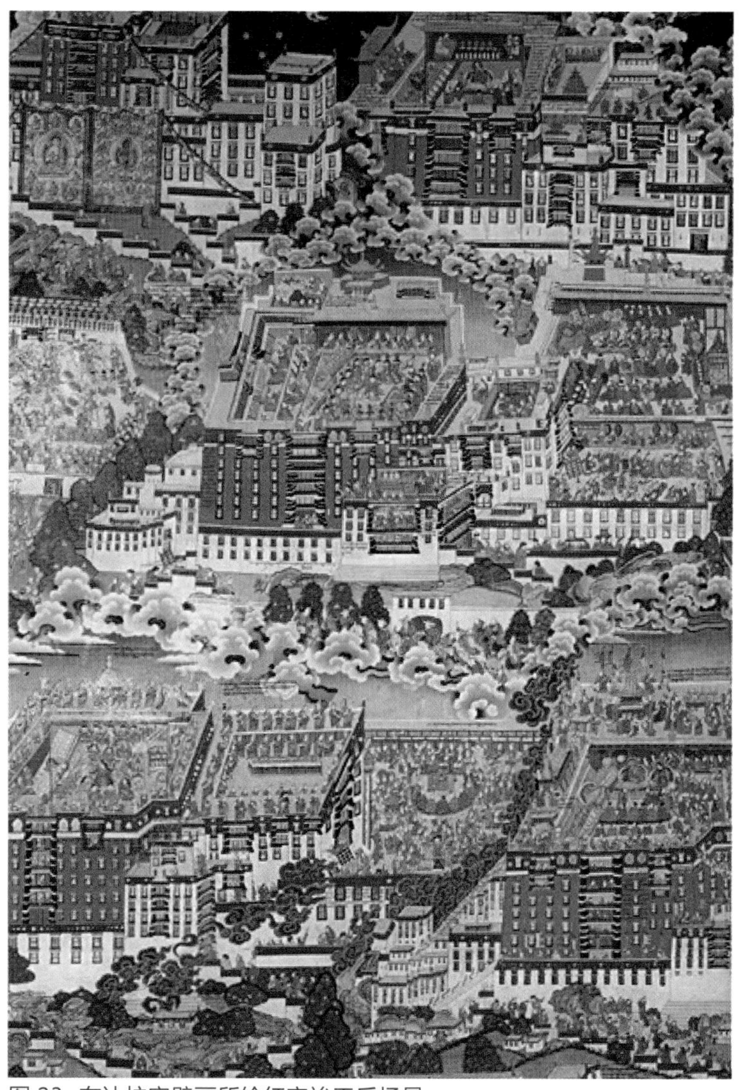

图 23 布达拉宫壁画所绘红宫竣工后场景

在17世纪（康熙年间）布达拉宫的一幅唐卡中，这座山巅宫殿还不是今日所见的样子，画面上红宫东端与白宫相连，西端是临空的，与西侧所绘宫殿群相隔相望（图22）。如果将这幅画与桑珠孜宗宫的历史图像作一比较，就可看出二者之间的相似性。画中的布达拉宫在画幅上下有两个场景，应是重建中两个阶段的样貌。从红、白宫的尺度和体量关系看，曾经与桑珠孜宗宫一样，也是红宫小于白宫，红宫的比例也比较接近。在下半张的画面场景中，红宫西侧是一处仪式广场，与一组低矮的红宫比邻，或即对《西藏王统记》等文献中所述吐蕃时期红宫的描绘。宫苑外看上去像是繁忙中的工地景象。相比之下，上半张画面场景在重建红宫的西侧，绘的是一组完整的白宫。由此有理由推断，红宫开始建造时只有东翼部分，形态比例大致与桑珠孜宗宫的红宫相仿。而从另两幅画作（图23，图24）——布达拉宫一幅描绘红宫竣工后场景的壁画与清宫乾

图24　故宫藏清乾隆时期五世达赖喇嘛画像及背景中建成的布达拉宫形象

图 25　20 世纪 30 年代末德国人舍费尔拍摄的桑珠孜宗宫影像

图 26　布达拉宫全景

隆年间收藏的一幅五世达赖画像的唐卡中可见，此时布达拉宫的红宫及其与白宫的关系均已完形如今。这或可解释为，第一幅唐卡绘的还是建造中的布达拉宫，而今日所见布达拉宫的红宫主体部分，为东西向对称构图，或是东、西两个先后建造的部分连为一体后的样子，从此才与桑珠孜宗宫在红、白宫的尺度比例上拉大了距离（图 25，图 26）。

四、宗宫的原真判定

根据有关桑珠孜宗宫的藏文历史文献和修缮记载，其基本布局和空间构成清晰可辨。这座貌似布达拉宫的宗宫占地 19 266.27 平方米，建筑面积 9 004 平方米，有东、西和东堡等三个大门。中部的红宫外观五层，底层为土石填充，实为四层。首层为郎塞（财神）大库房，东、西两面为粮库、盐库和参与除旧祭祀仪式的桑阿林寺与吾巴林寺僧人的诵经室。二层为五间面阔、四间进深的宗府办公大厅，厅门朝东，以两根大柱撑起南向挑台，南面有楼梯间和四间的库房。三层为颇章康松司南（威镇三界殿），西面依次为三间面阔、三间进深的门厅，厅门北向，连接西大门的楼梯口，旁为一间香灯师僧舍；走廊北面的加查拉康（网窗佛殿）和南面的卓玛拉康（救度母殿），两间面阔，旁亦为一间香灯师僧舍。大厅顶层为五间清洁夫居室。四层东面有五世达赖喇嘛的两处居室和储衣室、厕所；西面依次为锂玛拉康（供奉铜佛的殿堂），五间面阔、四间进深的衮司颇章（皆观殿），两间的护法神殿和艾嘎则第护法神殿；东面依次为尼威钦慕（日光大殿），两间僧官宗本的厨房和拉姆斯杰玛护法神殿。红宫西边的白宫为俗官（修准）所属，原为两层，后加建为三层，共有大小房间 26 间，下层有牛棚、马厩。红宫东侧的白宫依次为 15 间的办公场所及食堂，20 间的衙役居所及下部的南北两间监房，一间走廊下地牢和 12 间门廊下地牢。东大门内为两层 24 间的僧官（孜准）居所，楼下为马厩。德央厦平台下为储粮仓，有深达 10 层楼高的东向通道连接堡外。东端为贝哈尔护法神殿和宗本清洁夫住房 20 间①。

藏历水狗年（1922），十三世达赖喇嘛上登嘉措命日喀则宗本慕恰哇等，对桑珠孜宗宫进行了 560 余年来的一次大规模整修，为期 3 年。《原日喀则宗的建制沿革与行政体制》一文称当时工程主要是修缮和内部装修改造，基本布局和外观轮廓没有发生变化，并新建了东南山麓两座噶尔康（粮库）②。但由于没有 1922 年前的影像资料可以为证，本次大修到底有没有改变宗宫的历史原貌，一直是一桩疑案，这关及恢复天际线的依据， 也即天际线到底有没有在那次大修后发生变化。在同济大学旅欧校友的帮助下，经过对国外图书馆的仔细检索，我们终于得到了 1922 年大

① 原日喀则宗的建制沿革与行政体制 [M]. 次仁班觉，译 // 阿旺久美，日喀则地区文史资料编辑委员会，编 . 日喀则地区文史资料选辑（第一辑）. 拉萨：西藏人民出版社 ,2006:48-52。另参见边巴次仁译文（见附录二）及赞拉 · 阿旺、佘万治的汉译版《朗氏家族史》。

② 原日喀则宗的建制沿革与行政体制 [M]. 次仁班觉，译 // 阿旺久美，日喀则地区文史资料编辑委员会，编 . 日喀则地区文史资料选辑（第一辑）. 拉萨：西藏人民出版社 ,2006:48-52。同时参考了边巴次仁部分汉译版（见附录二）。

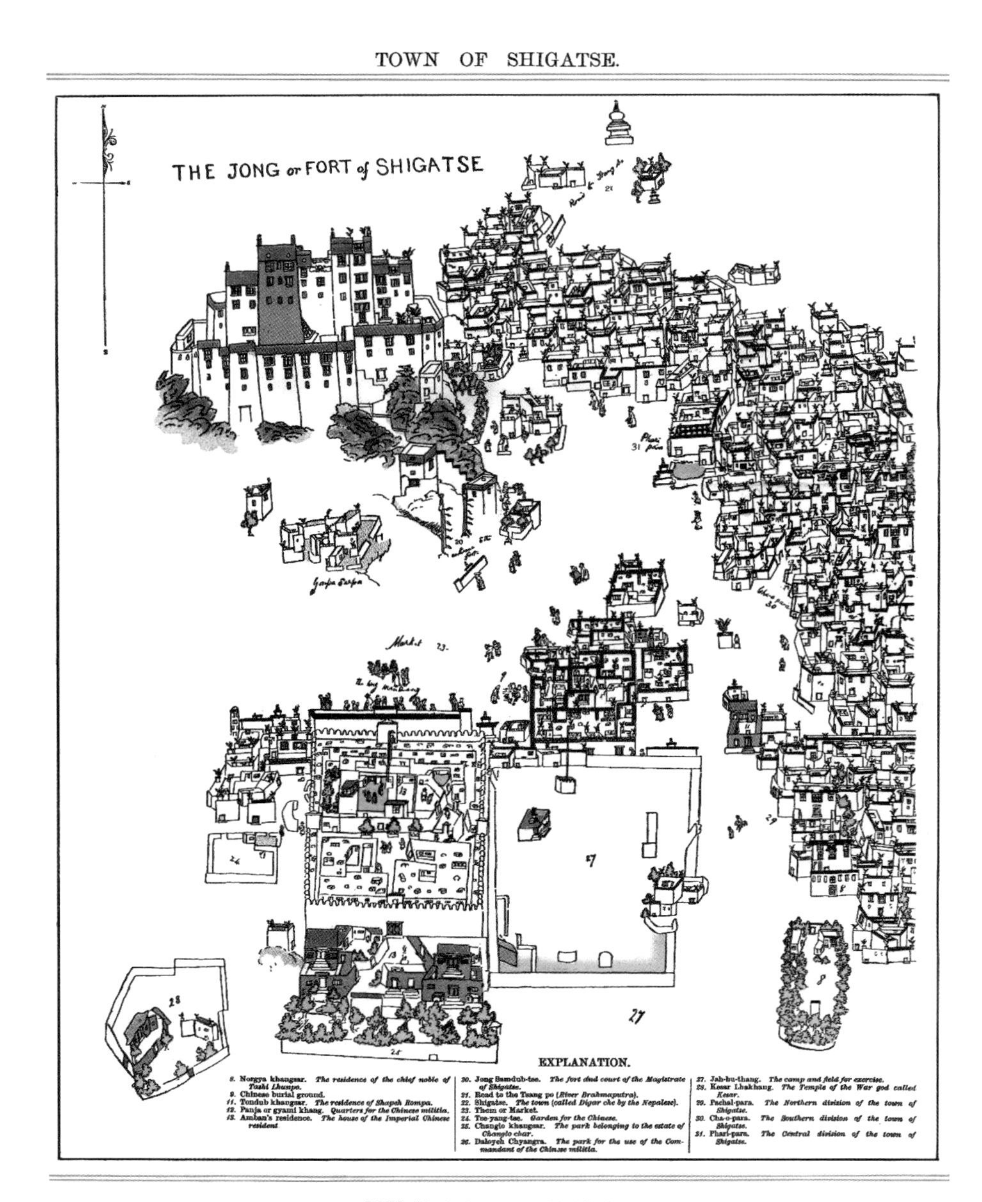

图 27 印度学者达斯 1902 年所绘日喀则景象中的宗宫

修前宗宫的珍贵影像。

1879 年和 1881 年，印度藏学家、文化间谍萨拉特 • 钱德拉 • 达斯（Sarat Chandra Das，1849—1917）两次进藏搜集情报。1902 年，英国皇家地理学会（the Royal Geograghical Society）将他第二次西藏旅行的两部游记合编出版，书名为《拉萨及西藏中部旅行记》（*Journey to Lhasa and Centra Tibet*）。书中有达斯画的日喀则城鸟瞰图，像一幅有详细标注的套色版画，其中对桑珠孜宗宫形态及红、白宫色彩的表达十分清晰，虽然并非写真实录或摄影，但在形态和色泽方面均有难得的参考价值（图 27）。达斯在该书中多次提及桑珠孜宗宫，但可能是由于身份特殊，他对宗宫内部状况似乎了解甚少[①]。1906—1907 年，瑞典东方探险家斯文 • 赫定（Sven Anders Hedin，1865—1952）从印度入藏历险两月余，于 1907 年 2 月 8 日至 3

① 达斯．拉萨及西藏中部旅行记 [M]. 陈观胜，李培茱，译．北京：中国藏学出版社 ,2005：47,66,169.

图 28 斯文·赫定像

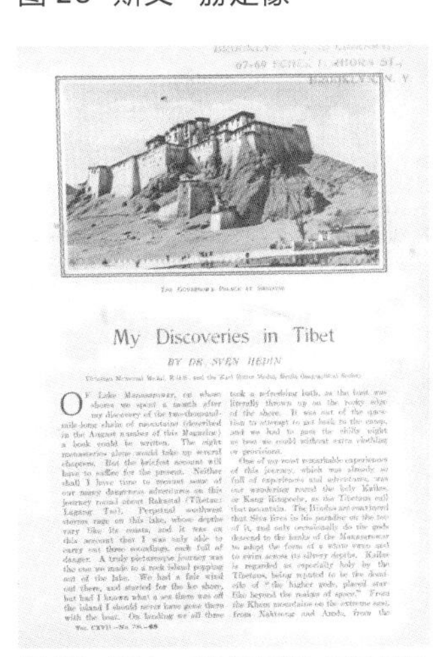

My Discoveries in Tibet

BY DR. SVEN HEDIN

图 29 斯文·赫定所著《我的西藏发现》一文首页

图 30 斯文·赫定《我的西藏发现》一文中的插图，图名为“日喀则宗宫”

图 31 20 世纪 30 年代末德国人舍费尔拍摄的桑珠孜宗宫及山麓村落影像

图 32 20 世纪 50 年代中国摄影师陈宗烈拍摄的桑珠孜宗宫影像

月 27 日在日喀则考察，受到九世班禅喇嘛的接见，所著游记中描述日喀则房屋皆为白色，以黑、红两色绘边。虽未提及宗宫，但称扎什伦布寺“简直是一座白色的、屋檐用黑红两色刷成的迷宫”，这与今日所见扎什伦布寺以白色、棕色和红色为主的格调基本相同①。难能可贵的是，斯文·赫定（图 28）的考察活动虽因受到当地政府的严密监控而止于扎什伦布寺，但他还是摄下了宗政府所在地桑珠孜宗宫的雄姿，这是迄今所知最早的宗宫历史影像资料②（图 29—图 30）。图片中的堡台与宫楼，整体上与 1925 年大修完成后，由德国人恩斯特·舍费尔（Ernst Schäfer，1910—1992）③在 20 世纪 30 年代末拍摄的照片（图 31），以及 50 年代在西藏工作的著名摄影师陈宗烈等的摄影作品（图 32）基本一致，从

① 赫定 . 失踪雪域 750 天 [M]. 包菁萍，译 . 乌鲁木齐：新疆人民出版社，2000:214.

② Hedin S.My Discoveries in Tibet[J]. McClure's,1908, CXVII.

③ 恩斯特·舍费尔是一位德国纳粹时期为种族主义服务的生物学家，他带领的探险团队在 20 世纪 30 年代末发现的所谓藏族中的雅利安血统特点，其实不过是南迁西藏的中亚突厥语族或伊朗语族各民族，如藏语文献中的“霍尔人”或“粟特人”融入藏族后保留的那些遗传特征。这样的民族交融，也发生在文化的层面，如西藏建筑的平顶密肋结构就是与中亚有着密切关联的建筑形态特征。

而证实了宗宫外观在大修后并未发生大变样的记载。

不幸的是，宗宫毁于40多年前的那场文化浩劫。据当地藏族官员和群众回忆，1968年冬，在“极左”思潮煽惑下，大批翻身农奴越过驻军岗线，拥上宗山，将壮丽的桑珠孜宗宫作为封建农奴制的象征彻底捣毁。上部的宫楼被夷为平地，其中的柱、额、肋、斗拱、门窗等木构构件被全部拆卸运走[①]，基面亦全毁，仅剩下部堡台苍凉的废墟。好在这段历史并不久远，宗宫现代变迁的藏族见证者对此情此景大都记忆犹新。

图33 20世纪40年代末英国人阿瑟·霍普金森（Arthur Hopkinson）拍摄的桑珠孜宗宫宗本像

五、宗宫的口述史

口述史是对文献和实物资料的补充佐证，桑珠孜宗宫有一段颇有价值的口述史材料，是由一位藏族的文史爱好者、拉萨警员边巴次仁提供的。他家住宗宫东边山脚下的措康林村，这个村子今属江洛康萨居委会（二居委）。

“因为童年与宗宫废墟一起度过，加之长大后对文化遗迹被破坏的痛心，对于宗宫的复活怀着无比的感激！每次在家里的阳台上举头就能看到无比灿烂的宗宫，没法不写点东西。”边巴如是说。他成了口述史的直接聆听者和记录者。叙事者为边巴的外祖母，1923年生人，9岁时家中建屋于此，望着宗宫长大，曾是一位藏靴匠，常被请到宗宫内为宗本以下做靴，目睹了宗宫运转、毁弃和新生的历程（图33，图34）。她回忆，旧时的宗宫从尼玛日山主峰望下去，就像一把“恰查”（酒壶）。民夫维修时的役谣流传至今：

图34 边巴次仁外祖母

① 据当地藏胞回忆可能是运往了市郊的甲措雄乡。

图 35 笔者与原日喀则地区政协主席阿沛·阿旺久美（左）摄于扎什伦布寺

宗宫犹如酒壶，公子犹如神像。此辈生为上司，下辈愿为挚友。

从这段役谣中可以看到，历史上的民夫们一方面对宗宫及其统治者心怀敬畏，一方面又对人间平等寄托念想。那么，宗宫复原成为民俗博物馆后，当年民夫们的念想“是否真的应验了”（边巴语）？无论从实际功用还是心理地标上看，这都是一个极具象征意义的文化隐喻。对于这座地标的内部，边巴外祖母深沉地回忆，“宗宫是藏巴汗时修建的”（史载宗宫此时确实重修过），中央的红宫为五世达赖寝宫——“祖拉康”所在，供奉其塑像及充氏强巴佛，护佑宫外芸芸众生。两侧的白宫，东为“孜准”（僧官）所居，西为“修准”（俗官）所居。“孜准”再东为大露台（“德央厦”），是旧时举办露天仪式和惩戒犯人的地方。

宗宫被毁近 40 年后，“‘噌’地一声拔地而起。”（边巴语）“啊！简直和从前一模一样了！”（边巴祖母语）但这位历史见证者也觉察到一些细节上与原貌不同的变化。比如由于内部功能的需要，宫楼北面的窗户比从前多了。又由于在北坡开辟了上山的施工道，而使其看上去没有像当初那样呈现连续的陡峻。①

边巴告诉笔者，“也许是当时网络普及不广，也许是人们不善言表，当时关于宗宫的修复除了官方性的寥寥新闻网页，实在难觅，还以为这么大的事情关心的人却很少！但日喀则市本土的人们对于基本复原后的宗宫议论热烈，其主调是感恩和自豪，而这些议论往往是在甜茶馆和家人的茶余饭后，你们当然听不到。”并且，他真诚地建议：“千万记住我的一句话：人世无常。一定要抓紧时间与老人探讨研究，以及翻译记录。他们是日喀则市的历史见证，是日喀则市的历史书。因为西藏过去在史书记载方面有很多局限，而传说、神话、民间歌谣似是而非地与历史混杂着。知道宗宫历史的人可能不多，而且多已年逾古稀。要抓紧时间啊！

① 见边巴次仁的博文《布达拉宫的弟弟复活 ing 4》（2007-11-06），http://blog.sina.com.cn/s/blog_55c84d5b01000bh8.html

不要错过了！”[①]。

这些肺腑之言犹然在耳，边巴敬爱的外祖母却已于 2010 年溘然离世，他深感自己失去了一位“日喀则的历史教材和人生导师”。对我们这些宗宫的研究者来说，又何尝不是如此呢？

《西藏人文地理》杂志的一篇名为‘复活的宗山’的文章，记述了这样一件趣闻：

> 不久前，一位家住昂仁县的藏族阿妈搭车去日喀则，一路打盹，司机把她从睡梦中摇醒，告诉她日喀则到了。朦胧睁开睡眼，一座酷似布达拉宫的建筑凸显眼帘，老阿妈惊呼：“我去日喀则，不是去拉萨！”引来满车哄笑。同行人告诉她，这里就是日喀则，眼前这座“酷似”布达拉宫的建筑并非布达拉宫，而是修复后的宗山。[②]

宗宫变迁的另一位见证人，出身贵族阶层的原日喀则地区政协主席阿沛·阿旺久美，亲自主持了《日喀则地区文史资料选辑（第一辑）》的编纂，他对《原日喀则宗的建制沿革与行政体制》这篇简记的内容如数家珍，认为从五世达赖喇嘛以来的史料可以基本判定，桑珠孜宗宫各时期的形态是一脉相承的，历次修缮，包括 1925 年的那次大修，均未发生大的改变。与阿沛第一次见面时，他还带我们拜访了扎什伦布寺的大喇嘛（图 35，图 36）。

图 36 笔者拜访扎什伦布寺大喇嘛（左）

总之，通过口述的纪实性材料，使我们更加意识到桑珠孜宗宫对日喀则地区乃至全藏的崇高价值，及其在藏胞心中的神圣地位，深刻关联着他们的民族文化认同，这些民族情感应该得到充分的尊重。比如，反映后藏传统文化内涵的宗宫历史变迁，以及宗宫与后藏历史文化的关系，有必要在宗山博物馆中充分体现，以

① 边巴次仁写给笔者的信件节选。
② 魏毅．复活的宗山 [J]．西藏人文地理，2010(3):20-21.

传达出更多的历史信息。需要强调的几点如下：

其一，通过政策引导、社会参与和观光市场三者的结合，强化宗宫的历史博览属性，引入配套文化设施及社会化运营机制，将其建成日喀则乃至全藏独具特色的文化重地之一。

其二，通过社会调查和民间访谈等渠道，组织对宗宫建筑遗存构件（下落已基本确定）、各类文物等的民间搜集工作，以丰富见证宗宫历史价值和地位的收藏对象和展示品。

其三，探讨恢复宗宫内“威镇三界殿”的可能性。历史上五世达赖曾在此坐床问政，是宗宫历史上划时代的大事件。这一事件实际上把前藏与后藏、宗宫与布达拉宫、西藏地方政府与国家中央政府，紧紧关联在了一起。根据史料复原这一殿堂，在文化上必要，技术上可行，历史与现实意义非凡。

下篇　桑珠孜宗宫废墟保护与宗山博物馆设计

Part II　Preservation of the Ruins and Design of the Museum

六、宗宫遗址

桑珠孜宗宫遗址位于日喀则老城西北尼玛山（日光山）伸向老城区的前峰上，平均海拔在 3 900 米左右，由西北向东南突向老城区中央方向。山体表面为风化严重的砂岩，散布着一些块状突起的嶙峋岩体，即历史文献中描述的“六狮之顶”。宗宫毁前分两个层级，水平东西展开面长达 236 米，南北最宽处约 71 米，高距地面 92 米，构成宗山东南面向老城的主要界面。下部的堡台和上部的宫楼分别从山腰和山头起建，堡台外墙根部沿山体起伏变化，顺着表层的自然肌理砌筑，形成了蜿蜒曲折的基底轮廓线。每堵墙体从不同标高的岩石着力面生根，以块石和砾石混合干砌，墙墩基宽依墙高而定，厚可在 2 米以上，最大高度可达 25 米左右，构成宽大的挡土墙墩，内侧垂直，外侧有 6% ～ 8% 的收分，向上收薄成堡台的外墙。墙内地坪之上，以柔性搭接的平顶木结构形成堡台内部空间和廊院。宫楼原为典型的藏族木梁柱式密肋结构，外以石墙围护，将凸起的山体包绕在宫楼下部。由于青藏高原气候干燥，柱子下部不易腐烂，故多不用柱础。这样的碉楼式结构使人工与自然浑然相融，刚柔相济，敦实牢固，强度和稳定性俱佳。然而一旦遭拆毁，整体的遗址基面就很难清晰辨识，特别是建筑多没有柱础，木结构梁柱及基础破坏后就很难确定原柱网的排列情况。

经现场踏勘，宗山堡台外墙残存高度在 3.5 ～ 15 米不等，堡台内的建筑空间已全被拆毁，并被存在大量空洞的砾石和沙土层掩埋过半，一片狼藉，之字形蹬道亦不见踪迹。从内侧看，仅有墙头和瞭望窗口的残留；从外侧看，堡台废墟的大部分依然存在。由于大块石料，内部承重的木梁柱、密肋和装修构件均被拆卸运走，加之没有柱础，竟未留下原来的柱列痕迹。堡台东南面山脚下 1922 年始修

图 37 桑珠孜宗山下部粮库

图 38 从西南通往桑珠孜宗宫的衮沙林村

图 39 毁弃后的桑珠孜宗宫废墟全景

的粮库保存完好（图 37）。宗山西南侧有一个叫“衮沙林”（意为新寺区）的村落（图 38），村中一条蜿蜒而上的小道通向宗宫遗址。一条东西向城市干道转过山麓，道旁分布着藏式住宅及临街商店。由于废墟所在的山崖之下就是繁华的城市道路和数十家店铺及住户，因而存在着很大的安全隐患（图 39—图 42）。

要在如此复杂的宗山废墟中施工，一方面场地狭窄，材料的运输、大型建筑机械的运送和固定极为困难；另一方面，既要修复和复原整个宗宫外观，又不能对尚存废墟造成二次破坏；加之雪域高原一年中适宜施工气候条件的时间不足一半，必须周密安排工期和巧妙利用时机；等等，都使本工程的实施面临着巨大的技术难度。

七、修复价值与设计目标

如上所述，作为元明之际全藏的政治中枢所在和明清以来的后藏中心，桑珠孜宗宫曾是西藏宗山建筑中的佼佼者，其规模和影响仅次于布达拉宫，虽曾是旧西藏农奴制的象征，但同时也是当地藏民心中的圣地和日喀则老城天际线的制高点。令人惊诧的是，这样重要的历史地标，毁前竟未取得文物保护单位的身份。尽管宗宫已成为废墟，但文献记载和影像资料尚在，医治地景创伤还有很大的可能性。即使从文化遗产保护和历史城市形象上看，让一座古城围绕着现代破坏后的巨大废墟，也并非是合宜的选择。首先是社会的诉求，日喀则当局从各种渠道得到的信息都表明，复原桑珠孜宗宫的愿望在当地藏族社会中一直很强烈。显然，这已不单单是个文化遗产的保护问题，而且是关系到心灵慰藉和社会安宁的政治

图 40 桑珠孜宗宫堡墙废墟

图 41 险象环生的桑珠孜宗宫废墟

图 42 桑珠孜宗宫堡墙废墟内侧

图 43 德国德累斯顿圣母大教堂修复前的废墟

问题，实已超越了历史建筑修复本身的意义。其次是保护的理论及原则如何应对以上的诉求，在着手实施前，需要对废墟修复与再现作价值讨论。

其实，古代的遗址和废墟一般以残缺美的形式供人浮想欣赏、凭吊纪念，而复原的愿望和对“完形”或再现的期待，常常与保护原则相左，并与保护法规相悖。道理很简单，古代毁掉的建筑本体所承载的历史信息早已无存，加之缺少历史影像资料，体现其真实形貌及价值的原物实际上根本无法逼真再现[①]。因而古代废墟既无必要，也无可能进行逼真的复原。即使有可靠的图像证据，复原仍会引发争议，因为文化遗产的一个定义即“不可复制”。故而事情一般也只能止于具有学术研究价值的复原想象图。但是在现代被毁掉的一些还需发挥现实作用的历史建筑，在有可靠文字和影像材料的前提下，经过充分的勘测、研究和论证，是否应该考虑原貌复原和活化利用（再生）的可能，这是有争议的。而实际上二战后伦敦、柏林、华沙等城市大量被毁的历史建筑，都是经过复原或重建而获得再生的。

例如，二战后期被战火摧毁的德国德累斯顿圣母大教堂（Frauenkirche），修复工程历时 7 年，在战争结束 60 周年（2005 年）之际得以重现，并使保存下来的废墟和残件与复原后的教堂整体完美地融合在了一起，这是具备必要性和可能性的历史地标复原的成功案例，不但重新诠释了废墟对城市和建筑的不同呈现方式和多元价值，而且也使战后欧洲民族国家间的和解获得了象征性意义。从这个角度看，再现这一类历史建筑，就不再仅仅是遗产本体能否复原的问题， 而是涉及城市历史身份及其对遗产空间存续的诉求[②]（图 43，图 44）。

与德累斯顿圣母大教堂等现代毁弃的欧洲著名废墟相类似，桑珠孜宗宫也完

① 常青 . 对建筑遗产基本问题的认知 [M]// 历史建筑保护工程学 . 上海 : 同济大学出版社 ,2014:15-19.
② Krull D.Memento Frauenkirche: Dresden’s Famous Landmark as a Symbol of Reconciliation[M].German-English issue, Edited by Ipro Dresden.Berlin: Verlag Bauwesen /Huss Med, 2005.

全具备保护性复原的必要缘由和可能条件，包括具场地定位作用和原真价值的废墟，研究和设计过程中不断获得的多角度历史图像，以及藏文和西文关于宗宫的文献记载等。同济大学工程研究与设计团队用了整整 6 年时间，10 余次奔赴青藏高原，从现场踏勘、同类宫堡调研、文献阅读、历史图像研究、宗宫变迁亲历者访谈等方面展开工作。以此为基础，从一期工程的修复与再现方案比选、扩初及施工图设计、现场配合等，到二期工程的室内设计与施工配合，在宗宫初建 650 年之后，该工程基本实现了预定的宗旨和目标。这些宗旨和目标可以概括为以下七点：

(1) 运用建筑学、历史学、人类学等方法，首次对桑珠孜宗宫从建制、形制和风格的源流与变迁做整体研究，清晰把握宗宫的原型和演化脉络。

(2) 在宗宫废墟所在的日光山地形及宗宫遗址勘测和定位的基础上，利用现代图像信息处理技术，参考历史图像

图 44 德国德累斯顿圣母大教堂修复后

图 45　笔者绘桑珠孜宗宫复生想象草图

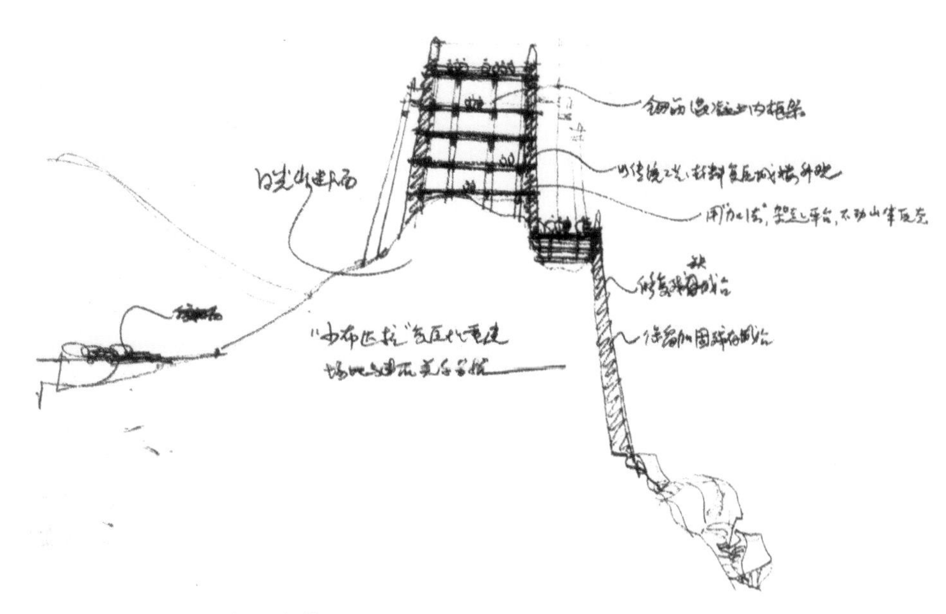

图 46 笔者绘桑珠孜宗宫修复示意草图

和文献资料，对宗宫历史轮廓进行虚拟复原，逼真恢复失去的宫楼，使再现后的宗宫图像与历史图像在透视上基本吻合（图 45）。

(3) 将尚存的堡台废墟完全保留、加固，所补残缺部分从内部结构生根，不给废墟加载，墙体石材的纹理、形状和砌法与废墟原墙体远视一体，近观有别。

(4) 宫楼内部结构为钢筋混凝土结构骨架，外围护墙体和敷地则结合传统材料和工艺复原（图 46），壁画、装饰、色泽等均按当地传统做法，吸收藏族工匠参加工程施工。

(5) 宗宫整体恢复矿物颜料的红、白堡历史特征，但东南转角处废墟只做加固，既不完形恢复，也不作色彩复原，以保留一段历史变迁的记忆。

(6) 宗宫天际线的恢复，主要是考虑当地藏胞的集体记忆和民族情感，设计和实施过程中采访多名宗宫变迁的目击者和亲历者，对一些历史图像无法映现的建筑位置及细部特征，如蹬道、宫门、侧向门窗等，都尽量做出有资料和口述史依据的复原。

(7) 宗宫作为日喀则第一座后藏博物馆，用来展示历史变迁、遗存文物、民间传统工艺和艺术品，不但要在功能上满足室内空间恰如其分地活化利用，而且在室内设计上要考虑后藏传统韵味与现代博览气息的融合，达到新旧共生、和而不同的效果。

八、设计定位与布局

1. 功能定位

由于桑珠孜宗宫毁坏极其严重，要借助有限的遗址勘察资料、历史文献和图像信息重续断裂的历史，重现消失的景观，是一件难乎其难的工作。因此该工程已不属一般意义上的历史建筑修缮，而是对城市历史地标轮廓线的保护性恢复。而且除了恢复其外观，还要对其内部进行有时空条件约束的活化设计，也就是既要再现宗宫的历史表象，又要满足博物馆的现代功能，使之成为后藏地区以历史博览为主，兼有民间艺术创作、观光和接待的多功能文化场所。

2. 风格定位

设计之初，对于宗宫遗址的呈现方式和宗山博物馆的形态选择有两种考虑方案。一为“疗伤”，即修复加固现存废墟，暴露石砌墙面，不作红、白宫处理（图 47）；一为“理容”，即除修复废墟外，宗宫整体完形，做出红、白宫效果，甚至考虑超越历史，加建金箔坡屋顶，以与宗宫西南山麓的扎什伦布寺相互映衬（图 48）[①]。最后采用的是折中方案，即保存加固堡台废墟，复原宫楼外观，外墙做出红、白宫色彩（保留东部堡台废墟原貌），使宗宫外观在整体上恢复到毁前的风貌，放弃具争议的金箔坡顶。

3. 空间布局

实施方案综合考虑了堡台修复、宫楼复原和宗山博物馆的设计关联性，结合地勘报告和文史记载分析，做出了空间布局方案（图 49—图 52）。依历史原状，宗宫在东南、西和北三面设通往山下的出入口。东南面的东大堡为主入口，以“之”字形蹬道通向山脚下入口广场（尚未施工，将留待三期宗宫下的粮库活化工程实施时完成）。西面利用衮沙林村中的上山小道作为侧向步行观光路线，通往宗宫的西大堡，并在入口处设一小型停车场，与山北上山道路相

① 常青，严何，殷勇．“小布达拉”的复生——西藏日喀则“桑珠孜宗堡”保护性复原方案设计研究 [J]. 建筑学报，2005(12):45-47.

图 47 桑珠孜宗宫复原方案之一：疗伤

图 48 桑珠孜宗宫复原方案之二：理容

图 49 桑珠孜宗宫空间格局剖析图（红宫前为下沉式广场——德央厦）

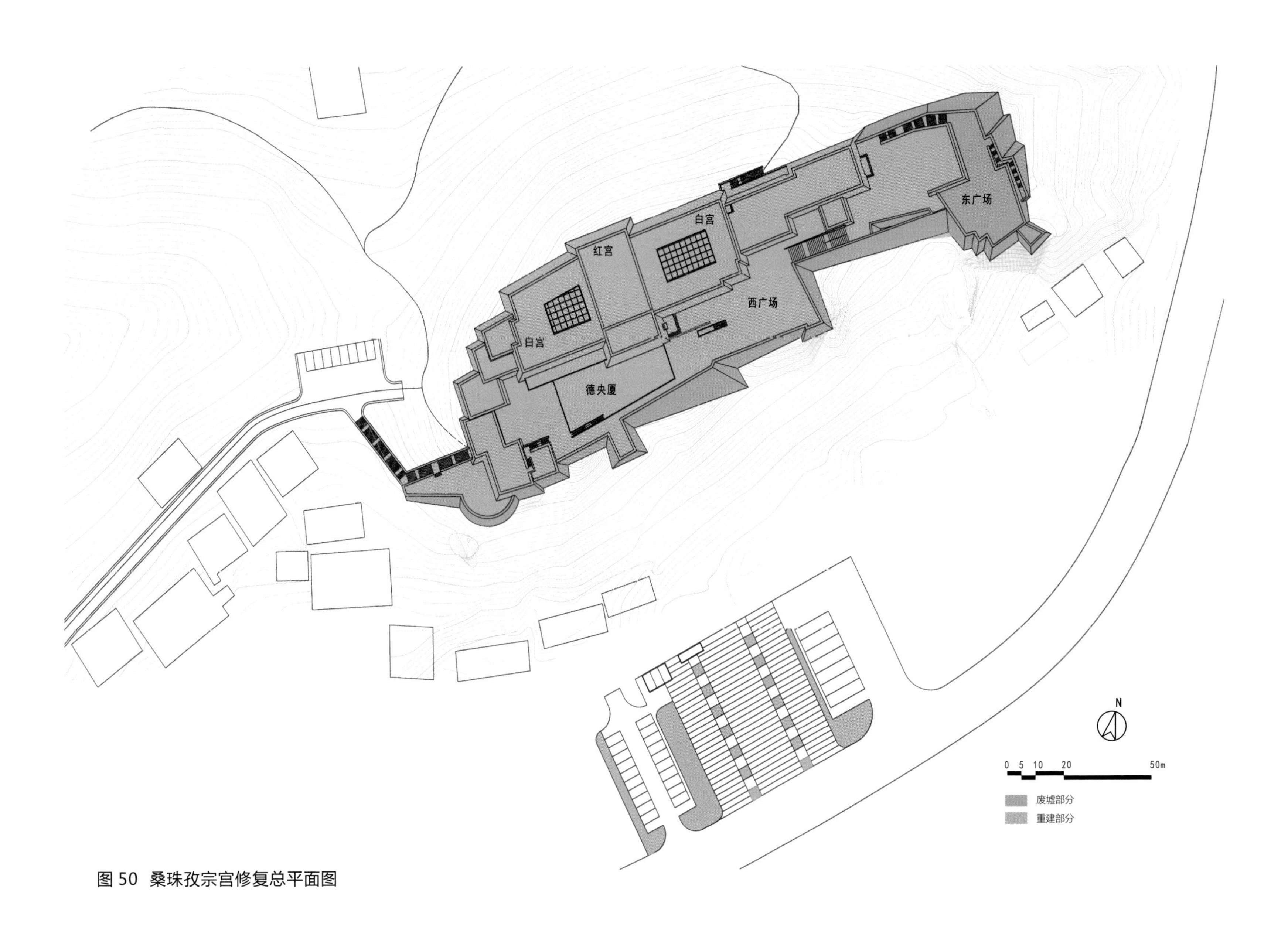

图 50 桑珠孜宗宫修复总平面图

连。宗宫北面亦设有疏散用出入口。从西大堡外大阶梯直达西大门，入口为两层高门厅，上层通往堡台顶，下层通往楔形下沉式广场——德央厦（露天集会场所）（图 53—图 55）。靠近南侧堡台建有柱廊，以藏式石砌蹬道与堡台顶相连。这里可用来举办一年一度的“古朵节”盛大法会，并可作为班禅等黄教大师的讲法坛场。堡顶广场主要用于露天展人流集散，并可通往东北侧保留原态的堡台废墟（图 56，图 57）。

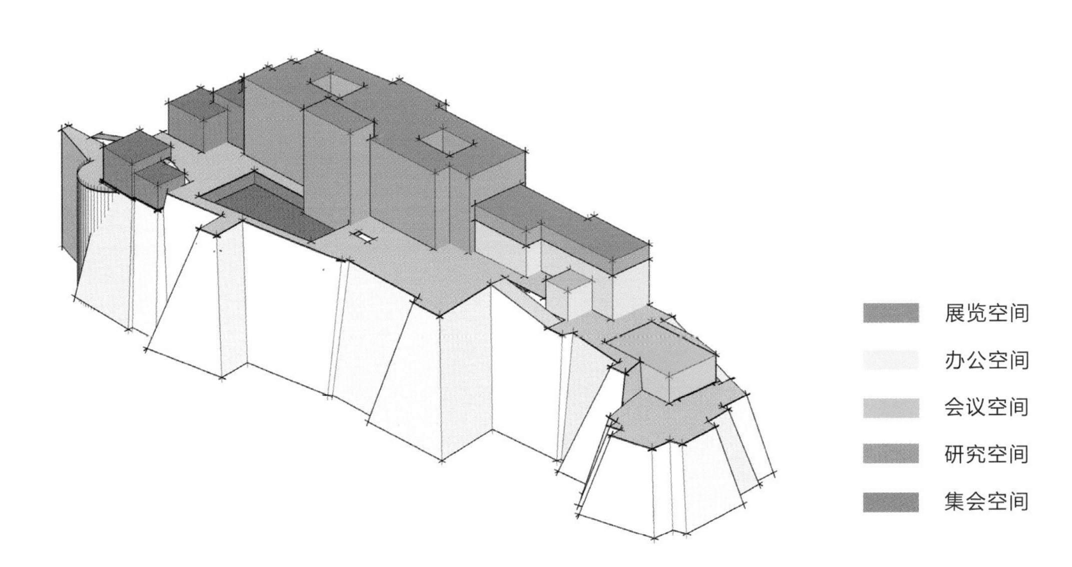

图 51　桑珠孜宗宫功能分析图

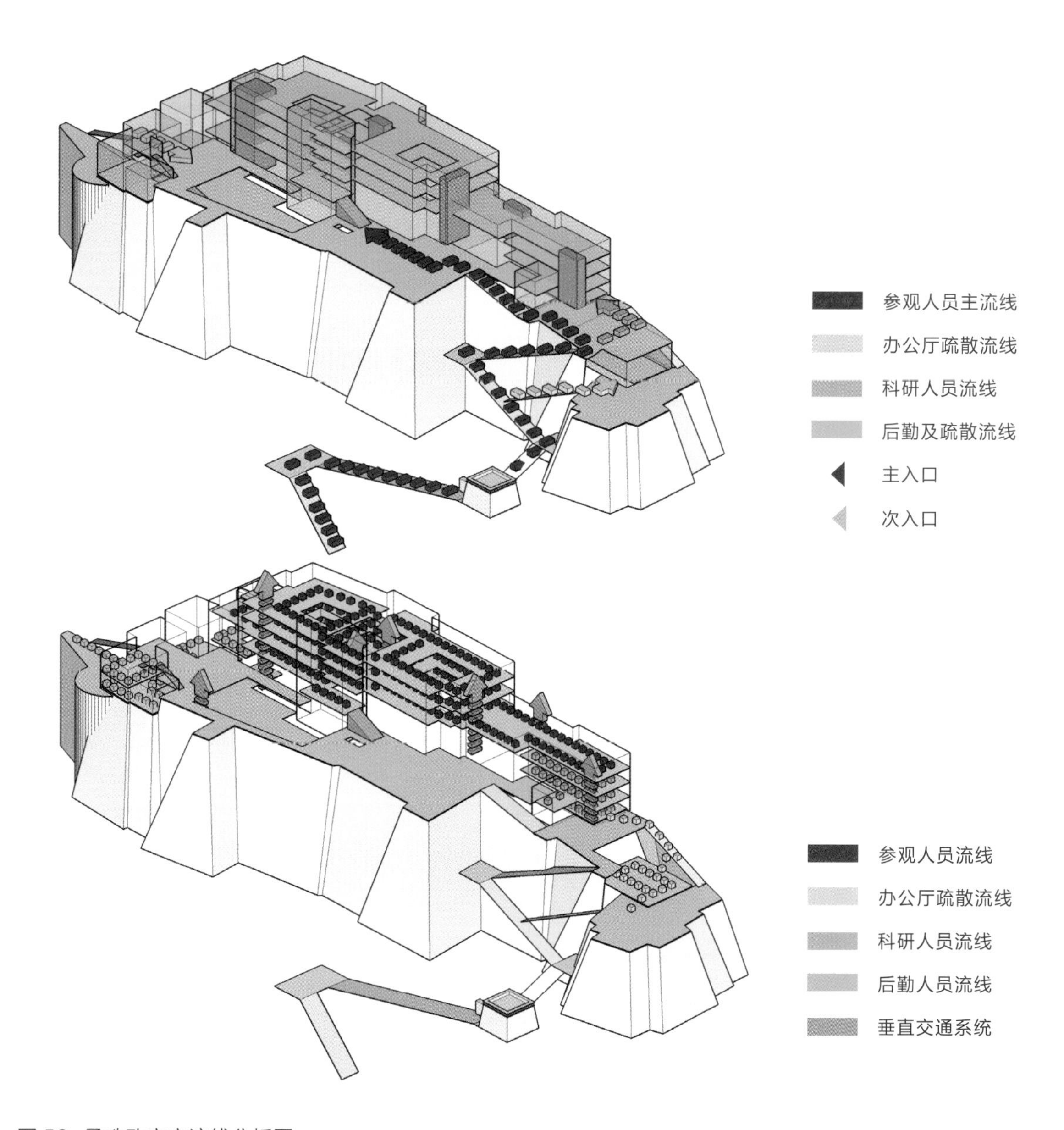

图 52 桑珠孜宗宫流线分析图

图 53 桑珠孜宗宫西侧外景

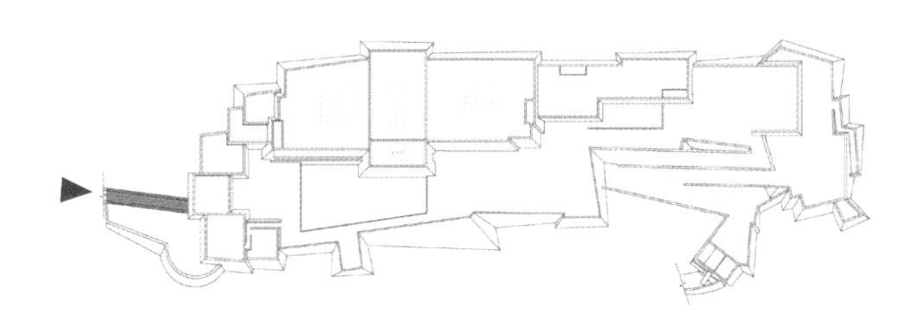

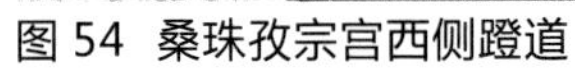

图 54 桑珠孜宗宫西侧蹬道

图 55 桑珠孜宗宫白宫西大门

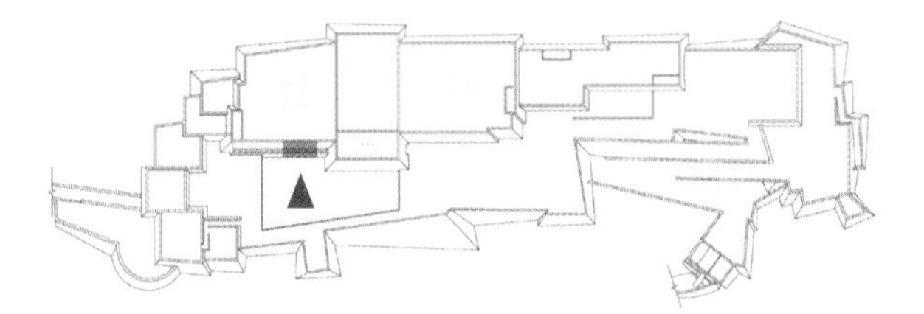

图 56 扎什伦布寺德央厦的班禅说法仪式

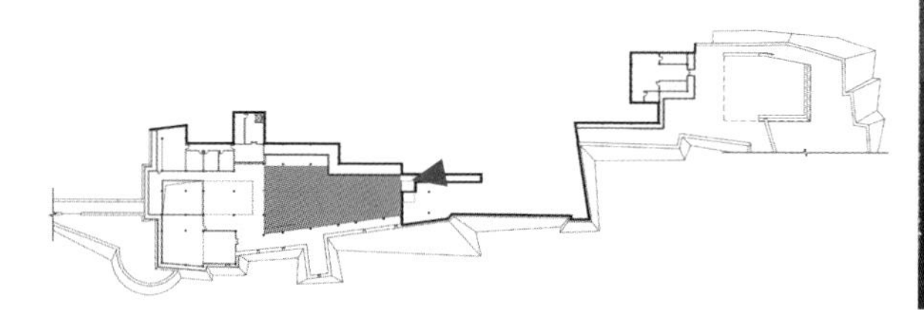
图 57 从桑珠孜宗宫堡台下的敞廊不同高度视点看德央厦

九、宗宫完形与博物馆细部设计

本工程为陡峭山体上的建筑，结构采取桩基嵌入岩层、承台沿山体和杂填土层标高逐步变化的方式，既降低了新建结构的高度，又减少了开挖量。高低承台间设置较强的水平及斜向基础拉梁，提高了基础的整体刚度。考虑结构处于山体上，且柱底标高变化较大，部分承台处在杂填土中，侧向约束较弱，故在地震作用计算中，总地震力放大了1.2倍。而混凝土内衬板的存在也较大地提高了上部结构整体刚度。计算结果满足了规范要求。

1. 堡台废墟加固与修复设计

堡台的加固对象为宗宫倒塌后所残存的部分外墙废墟（图58）。底部标高沿山体变化，需保留的外墙高度在4～17米之间，而原墙体石材在人为破坏和风化的影响下，损害较为严重，墙身出现了长度不等的裂缝。根据现场取样判断，原堡顶下的外墙与山体之间的室内空间亦已全部塌毁。根据地勘报告，宫堡毁后形成的杂填土层，主要成分为碎石、浮土和其他建筑垃圾，地基层呈不均匀的松散状态，无法形成结构支撑层，因而确定采用机械和人工结合的山顶桩基技术。

堡台废墟的修复是宗宫保持历史痕迹和原物价值的关键所在。残墙加固采用上部墙身和下部墙墩同时进行的方式。首先，对墙墩及堆积层进行注浆处理，提高其密实度和内聚角，降低其在建筑物施工和使用期间产生不稳定变化的可能性，并对残墙内部可能存在的空隙予以填实。其次，对残墙表面裂缝进行水泥砂浆或压力灌浆填充处理。考虑到历史地貌的相对完整性，以及建筑桩基施工时的安全保障，在堡台残墙加固的同时，对其旁外露的基岩进行裂缝修补和加固，对已松动无法加固的危岩予以去除。

图 58　保存加固桑珠孜宗宫堡台废墟

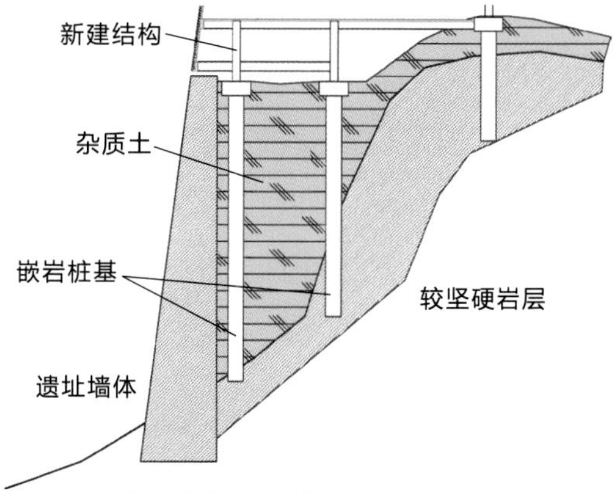

图 59　桑珠孜宗宫堡台基础架空结构示意图

由于堡台残墙已不宜承受上部修复部分的荷载，结构方案在残墙内侧适当距离布置人工挖孔桩基础的框架柱，嵌入山体岩层，由框架柱的外挑梁承受修复部分的墙体荷载，挑梁上设置斜柱，内衬混凝土斜板，明显提高了结构刚度（图 59）。这种方式最大限度地减少了施工对原有外墙的影响。外墙以本地石材砌筑，新老外墙在外观上力求远看协调，近观有别，以取得理想的修复效果。此外，在高低承台间设置较强的水平及斜向基础拉梁，以提高基础的整体刚度，结构抗震安全度扩大了 1.2 倍。根据建筑平面较长的特点，结构设计增加了纵向梁板配筋，设置多道后浇带，多条“三缝”，长向内衬斜板诱导缝等，从而加强结构平面规整性和整体刚度，以适应高原气候的影响[①]。对于堡台东南的一段墙体废墟只做加固，不恢复全貌的处理，虽在目的和手段的关系上存在争议，亦难为当地各界所充分理解（如不时有工程是否完全竣工的质疑），但至少把历史变迁的原初痕迹保留了下来（图 60）。

---

① 万月荣，龚劲 . 桑珠孜宗堡废墟加固设计说明 [R]. 上海：同济大学建筑设计研究院 ,2005.

图 60 保持修复前现状的一段桑珠孜宗宫堡台废墟

2. 宫楼复原与博物馆设计

宫楼复原设计的步骤可归纳为三点。第一，以遗址现状详测为基本依据，确定其范围和边界；第二，以堡台残墙的定位作为复原部分的参照系，对地貌、堡台和宫楼的空间关系进行分析，取得设计参数；第三，以虚拟现实技术再现宫楼的完整模型，对之反复调整，直至与历史影像在透视上尽可能接近。在此基础上，对博物馆的功能、流线和展示空间进行详细设计。

宫楼的功能设计，围绕着宗宫复生后以历史博览为主的“多功能文化综合体”属性，有两个设计要点。第一，原宫楼的基础在堡台标高以上环绕着上部山体，通过底部架空层，将山体纳入建筑轮廓之中。架空层之上为中央红宫和两侧白宫楼体，红宫在堡台顶以上为四层，局部五层，东西两侧白宫附楼三至四层，空间构成关系接近历史记载。为了使博物馆内外空间相互贯通、渗透，在红宫东、西两侧各设了一个天井式廊院。第二，红宫一层主门厅设在红宫东向大台基之上，经过厅大台阶进入二层中央大厅，与周边展厅流通，并以开放式楼梯与上层展厅相连。条件成熟时，可考虑以历史记载为据，在红宫四层北端重建佛堂和五世达赖喇嘛寝室。办公管理、设备、藏品库等分设于白宫两侧各层（图 61—图 67）。

宫楼的复原设计与外部空间布局密切结合，内外有别。结构设计原则和各种应对措施与堡台结构设计基本相同。以钢筋混凝土框架结构为骨架，柱网布置充分考虑了博物馆建筑对空间的需求。从施工角度采用了藏式柱子收分、柱顶大翘托与梁枋连接的一次性成型方法。屋顶、墙面装饰、台阶、门窗等均参照后藏建筑式样设计。露天中庭的回形柱廊，与整座建筑外观的历史面貌相一致，按室外藏式梁柱、顶棚的传统手法处理（图 68—图 73）。

宫楼内外装修主要采用当地木质和石质材料，外墙石块砌筑方式与堡台相同，既表现了原宫堡外墙粗拙苍劲的质感，又与堡台残墙的历史肌理有所区分，拉开了废墟部分和完形部分的时空层次。在室内外装饰方面，所有的彩画、唐卡及其他饰面做法、母题选择等，均以后藏传统碉房的材料、工艺和民俗为主调，汲取当地艺术传统中造型敦厚简练、色彩纯正明丽的气质韵味。为表现色彩绚烂的藏式饰面艺术，特将传统的建筑装饰图案、饰物和标识作几何化提炼，以最常见的红、白、褐、黑、金等五种色彩构成元素进行现代装饰语言表达。如红宫主入口过厅的墙体以红、白相对，白墙面以民间“手拨纹”图案和白色大理石相间，与对面红色的喷涂和玻璃砖形成质感对比，扶手为典型的藏式寻杖变体。在红堡主要部位的女儿墙顶转角处，设置了藏式特有的宗教装饰镏金宝幡等（图 74—图 76）。

再如贵宾厅，墙面、吊顶和地面以藏式花卉图案为主要母题，地毯、坐具和

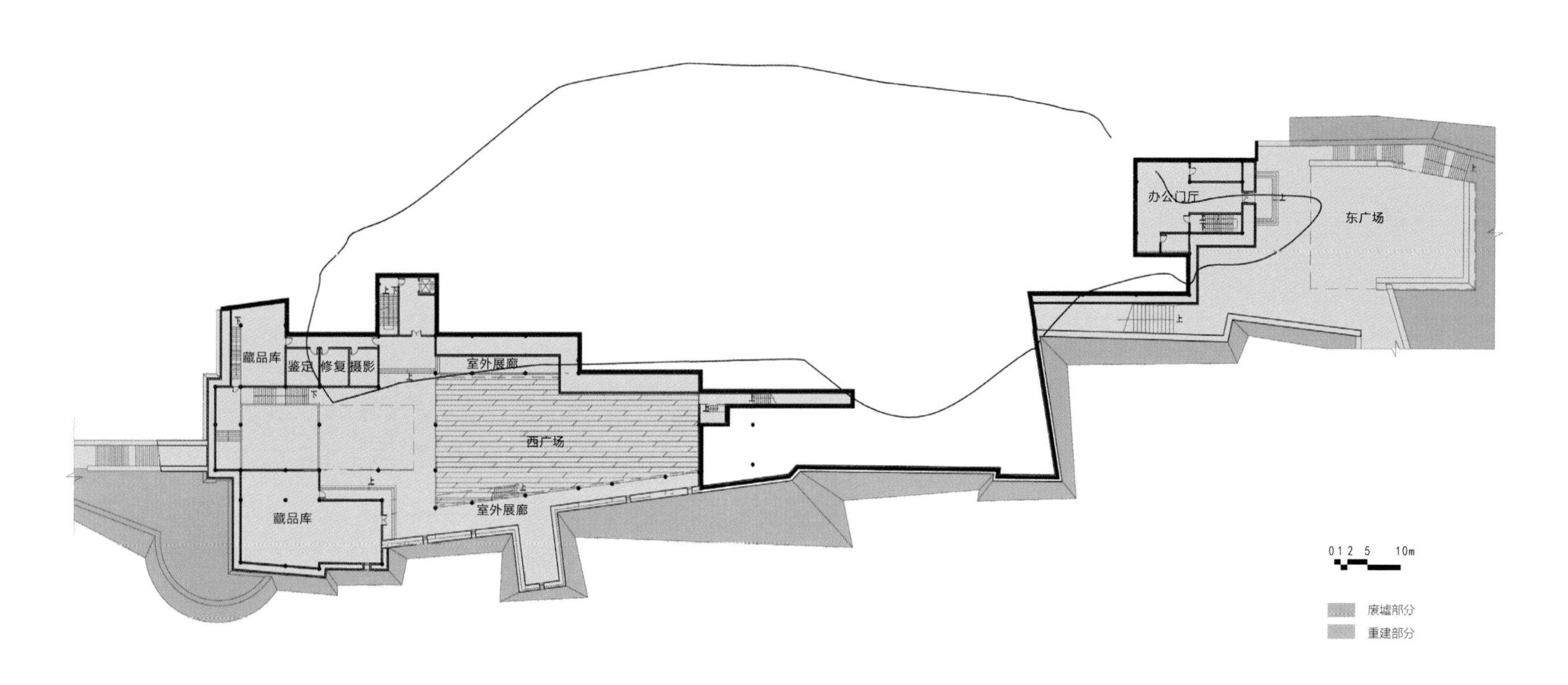

图 61 桑珠孜宗宫堡台地下二层平面图

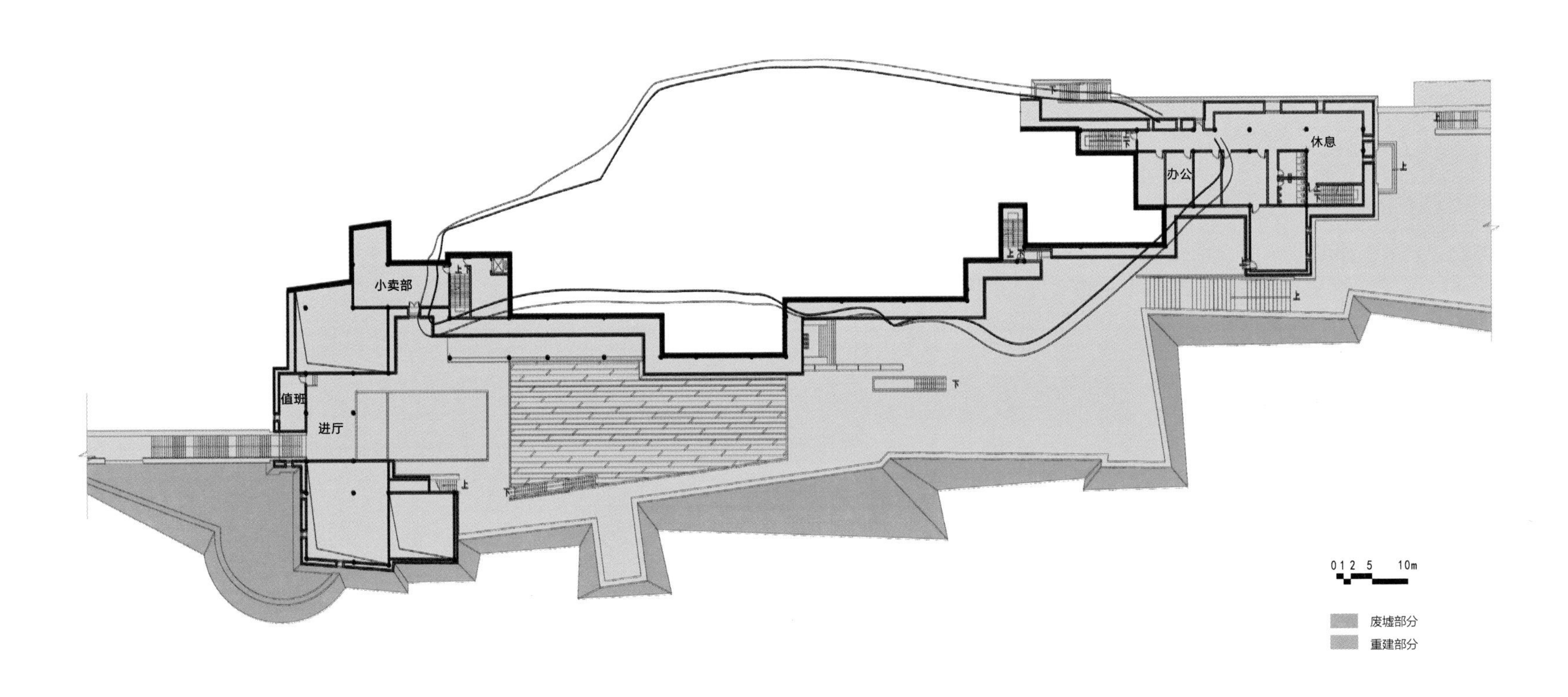

图 62 桑珠孜宗宫堡台地下一层平面图

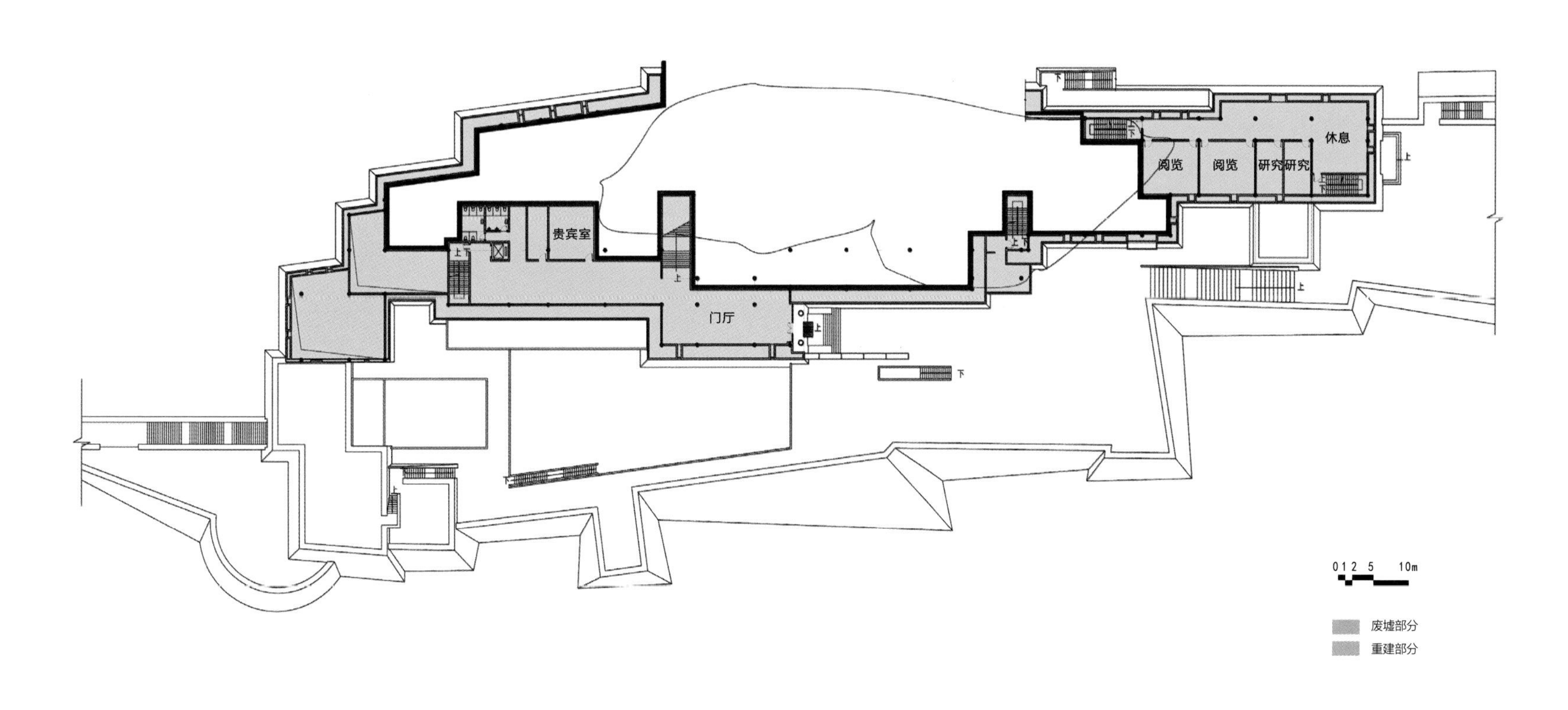

图 63 桑珠孜宗宫堡台顶层及宫楼（门厅）首层平面图

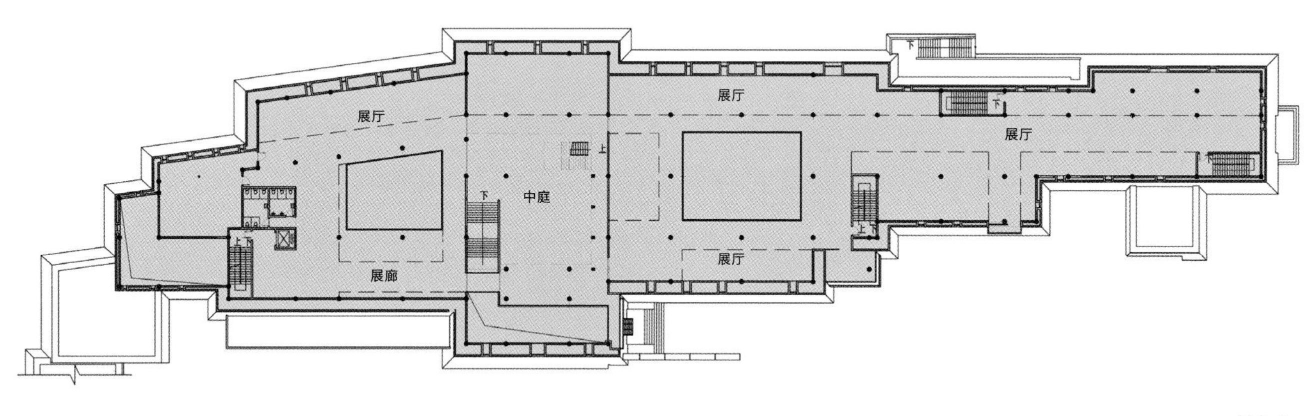

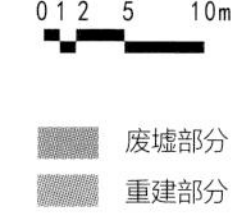

图 64 桑珠孜宗宫宫楼二层平面图

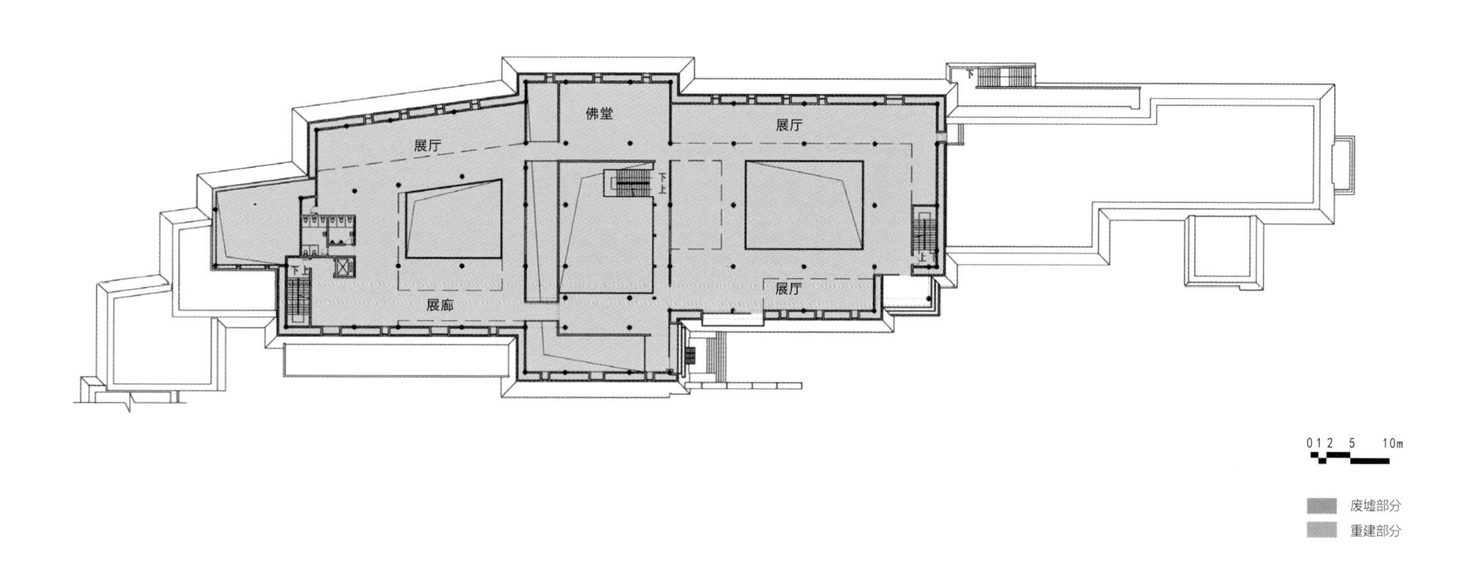

图 65 桑珠孜宗宫宫楼三层平面图

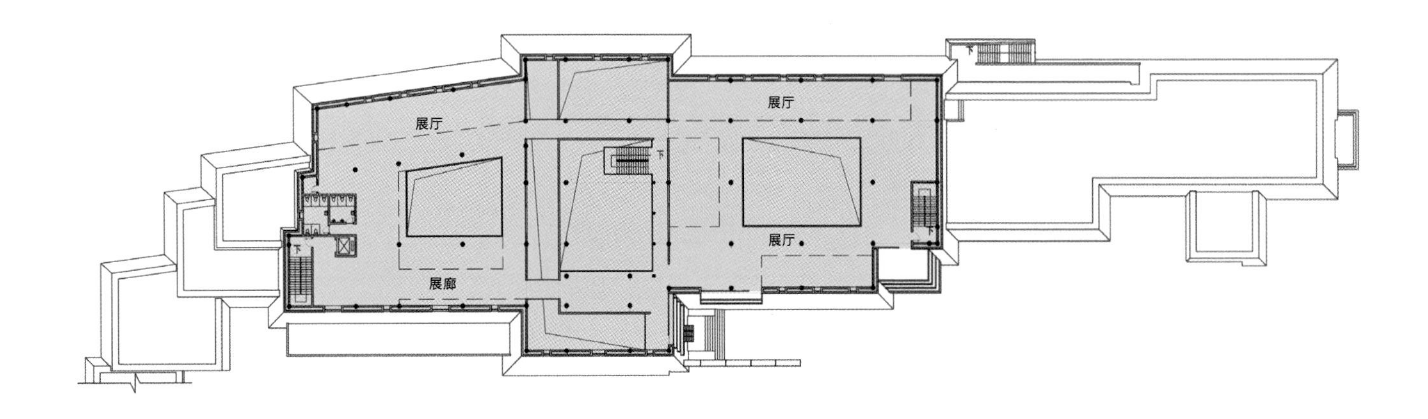

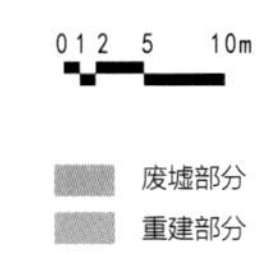

图 66 桑珠孜宗宫宫楼四层平面图

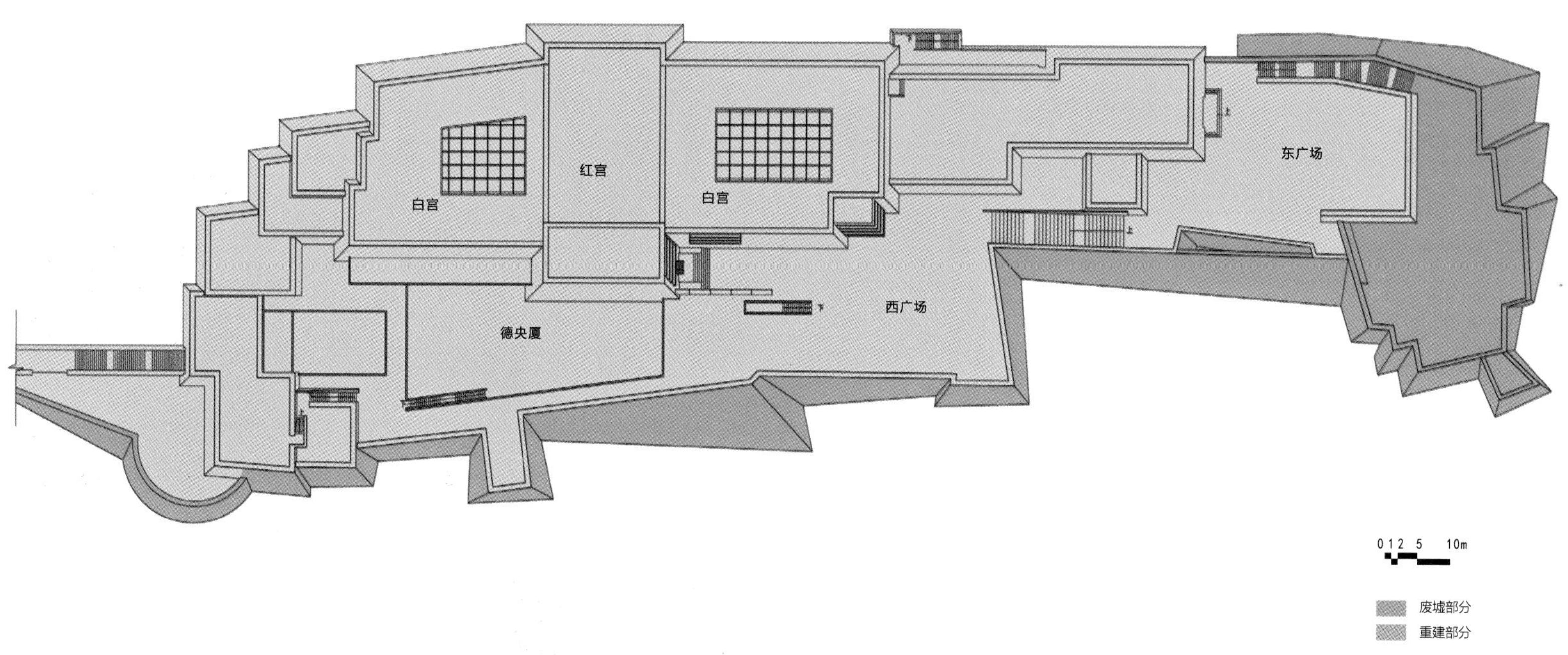

图 67 桑珠孜宗宫屋顶平面图

图 68　桑珠孜宗宫正立面（南）比选方案

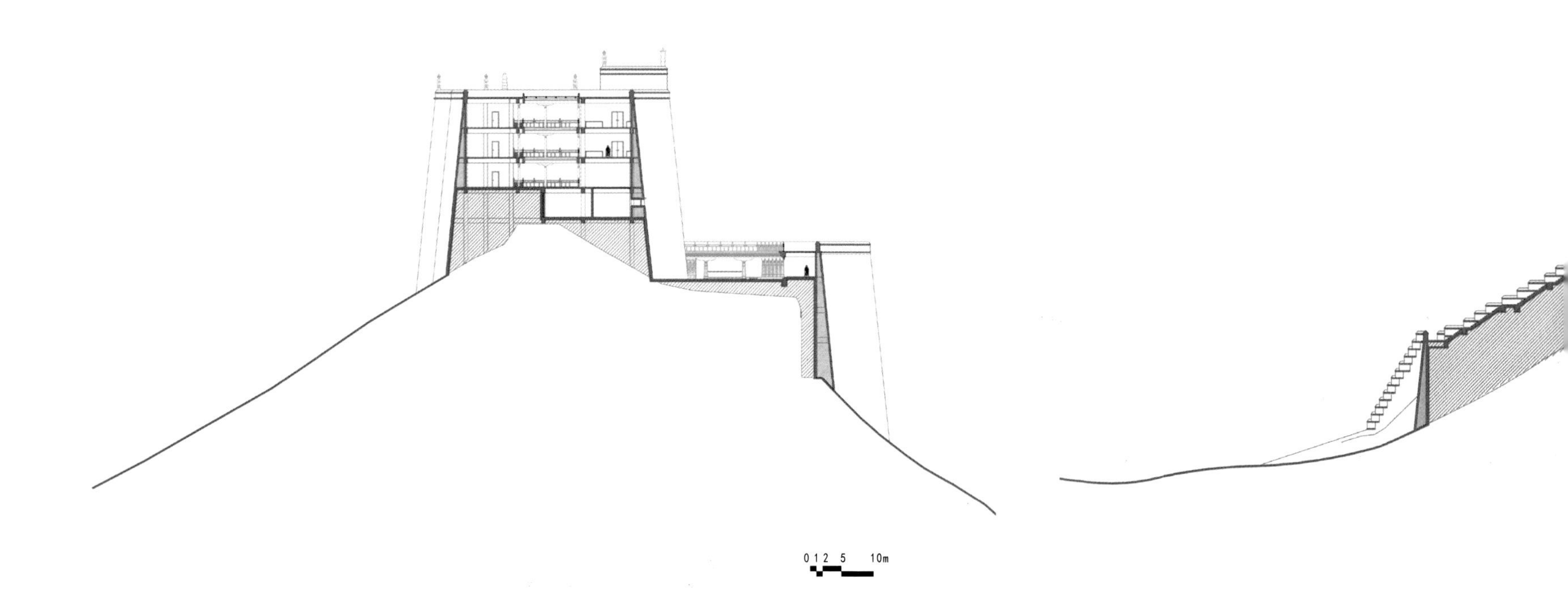

图 69 桑珠孜宗宫横剖面之一

图 70 桑珠孜宗宫纵剖图之一

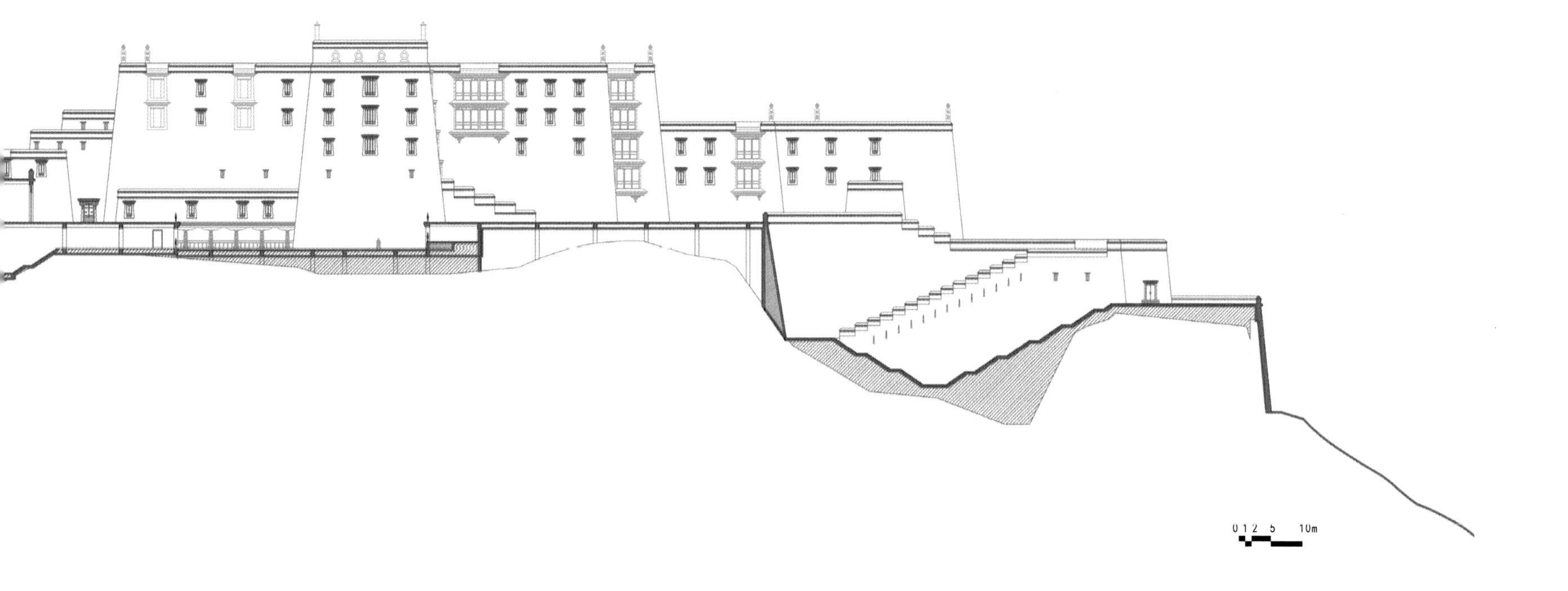
0 1 2 5 10m

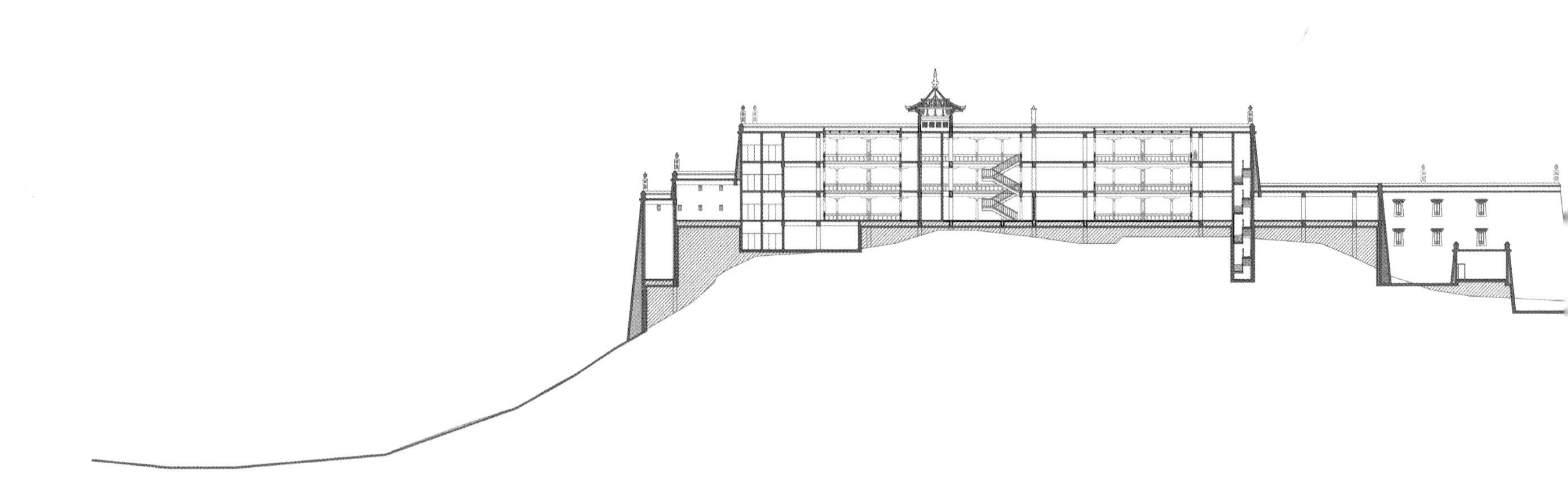

图 71 桑珠孜宗宫纵剖图之二（比选方案）

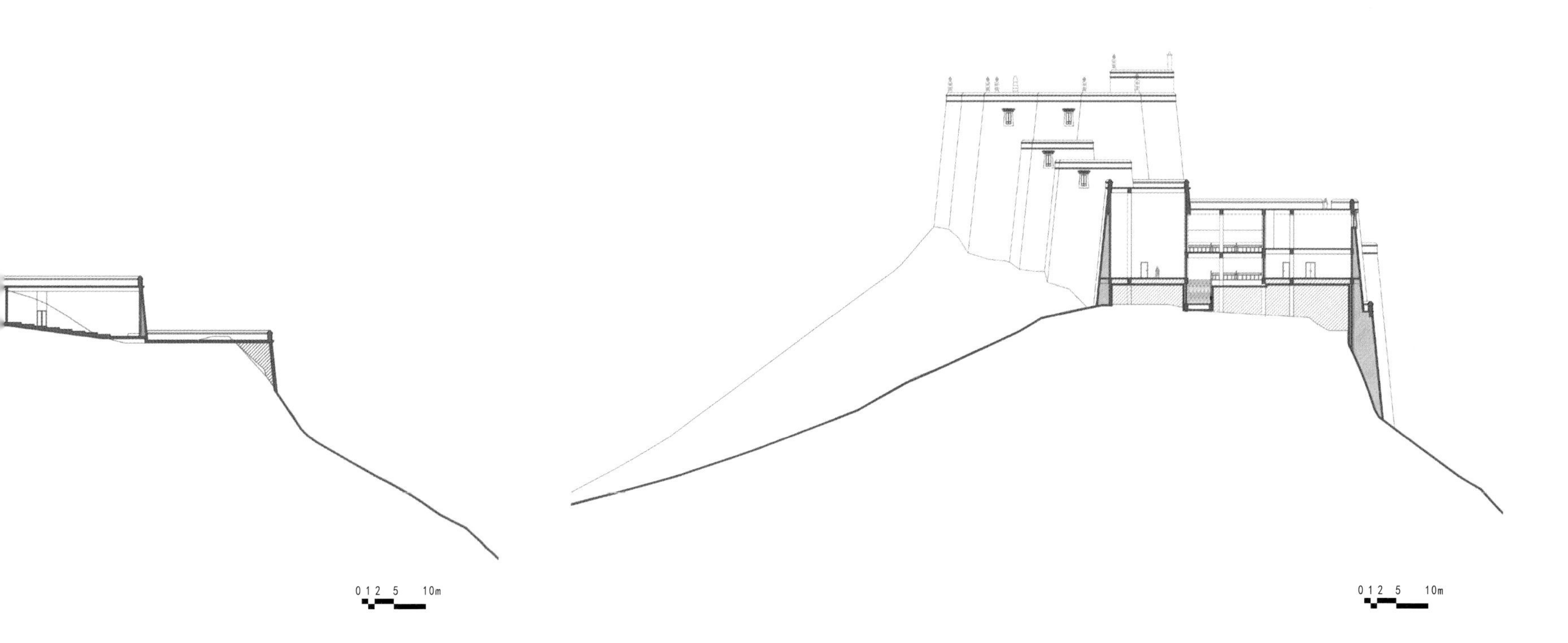

图 72 桑珠孜宗宫横剖面之二

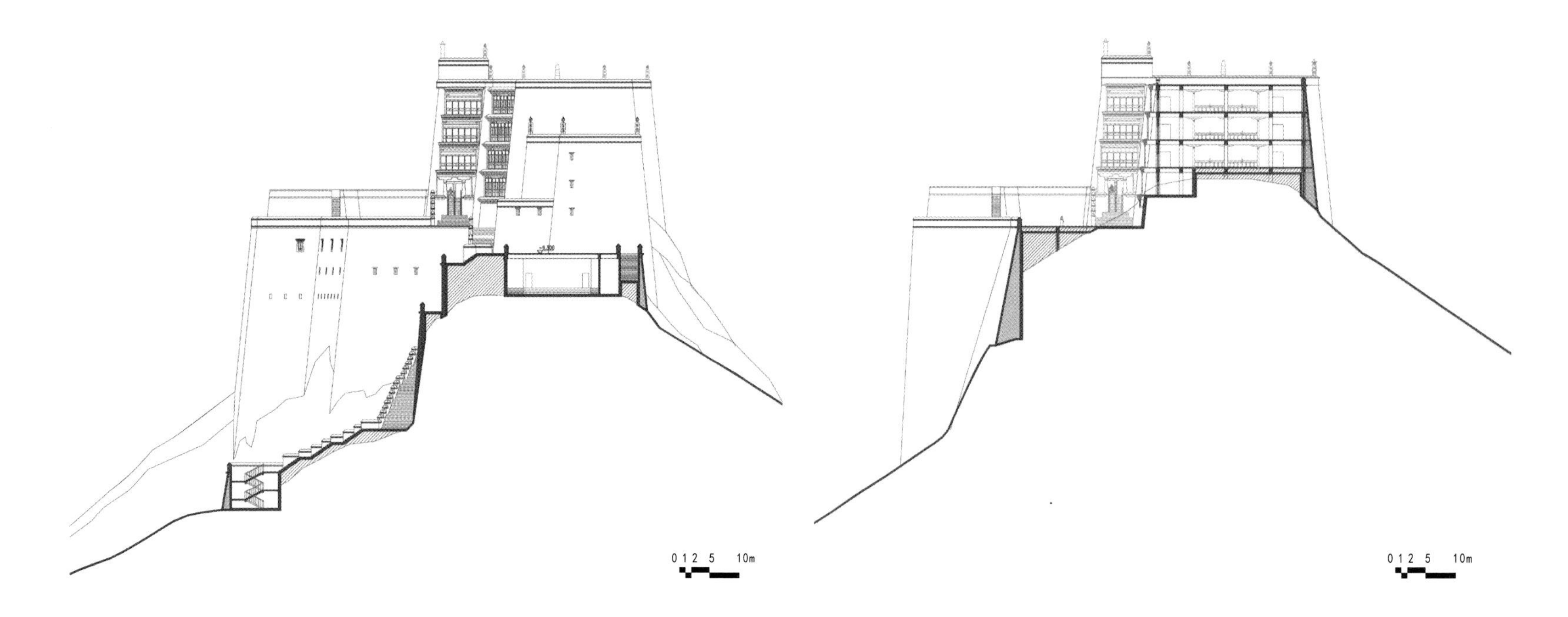

图 73 桑珠孜宗宫横剖面之三、四

图 74 竣工后的桑珠孜宗宫正立面（南）

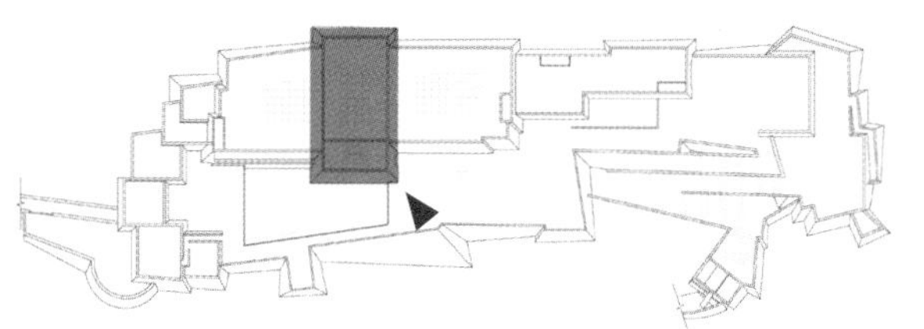

图 75 近观桑珠孜宗宫的红宫

背屏均体现出藏式装饰艺术化的倾向。外墙以当地石材和砌筑方法为主，内隔墙及装饰墙用砌块、玻璃砖等新材料。在室内石材地面的局部还采用了当地传统的“阿嘎土”敷地做法，这是将当地特产的沙土及石屑按粗细分层淋水夯打至起浆，干透后表面再磨光、涂油、打蜡的人造石，较之天然石材兼具硬度、韧性和弹性的优点。“手拨纹”和“阿嘎土”作为当地传统建造工艺，本身也成为民俗博物馆内的展示对象。以上这些施工均有当地藏族工匠的参与，使建造过程渗入了浓厚的风土气息。

“边玛”是当地草科植物，深棕色的边玛檐部，是西藏建筑特有的一种装饰，也是建筑主人尊贵身份的标识。桑珠孜宗宫复原中考虑了边玛檐部采用传统材料进行防腐处理（图 77），或以现代材料替代两种选择方案，其中红堡的边玛檐部还设计了佛八宝图案的镏金装饰构件。

门窗上部均做二重椽或三重椽的挑

图 76 桑珠孜宗宫红宫内过厅面面相对的红、白墙及民间泥墙的手拨纹（右上）

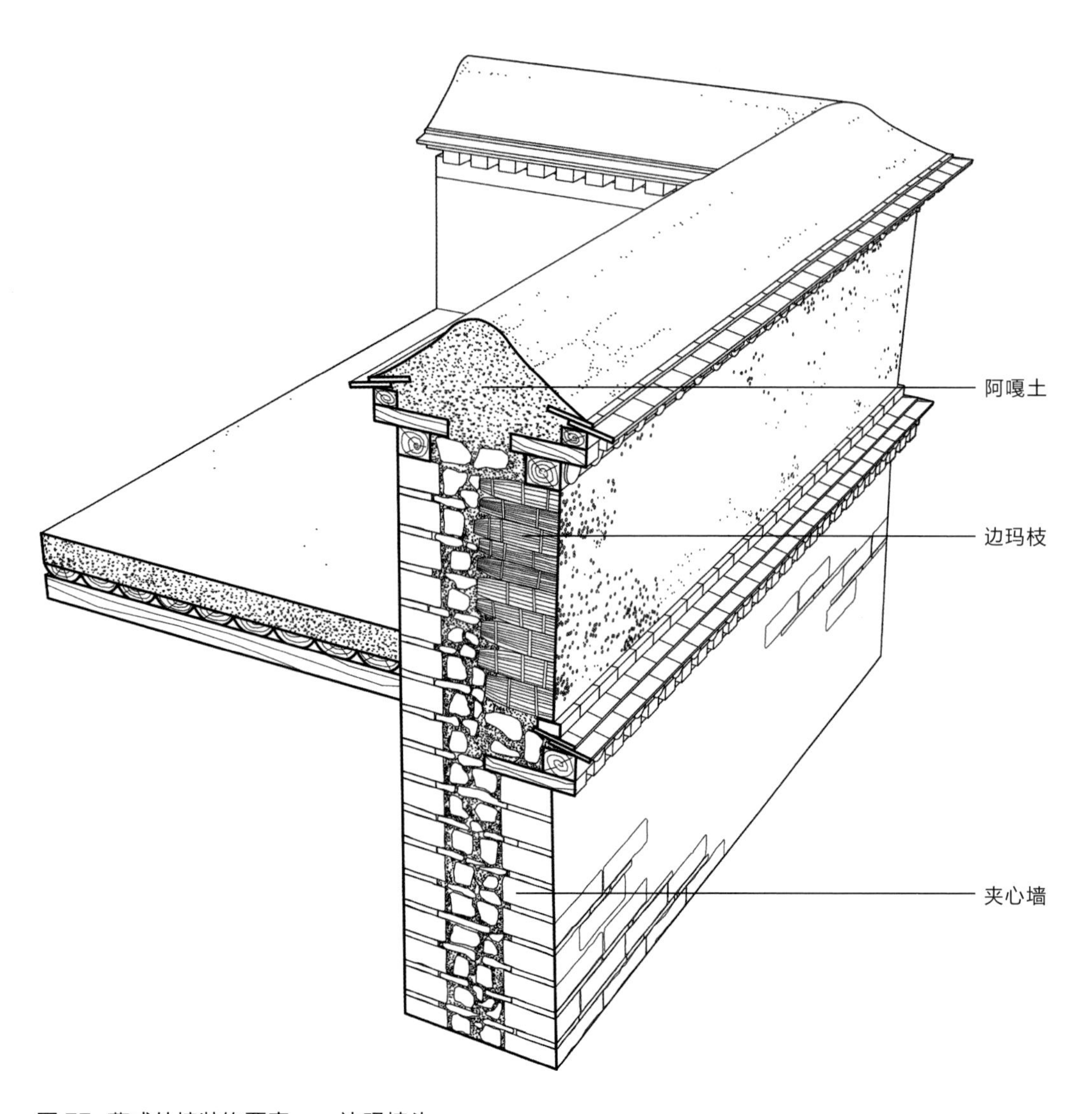

图 77 藏式外墙装饰要素——边玛墙头

檐，大门廊下设置汉藏混合式的多节斗拱。窗上檐下以红、白、蓝等色的布幔制成“香布”。门窗洞外周均有 30 ～ 40 厘米宽的黑色套边，上窄下宽，与建筑外墙的收分相呼应，并注意了后藏窗框与前藏的微小差别，即黑色套边上部两侧的小三角。

结语

本书以长期的历史建筑保护工程研究为基础，国际前沿的相关理论和视野为参照，剖析了一个与政治、经济、文化均有密切关联的城市与建筑象征性事件，即如何通过依据充分的废墟保存和天际线恢复，来再现伟大的历史地标，因应与化解其中的文化和技术难题，对民族文化的复兴作出应有的贡献（图 78）。

本书以历史意识贯穿保护与再生设计的全过程，并关注和探讨了历史建筑保护工程在四个方面的适应性问题。

其一，在文化适应性方面，厘清了西藏宗山建筑的原型及其与中亚、印度及汉地建筑的谱系关系，对桑珠孜宗宫的历史变迁做了系统研究。通过清晰的设计理念和处理手法，恢复了宗宫与扎什伦布寺在各自的演进中，相互映衬的历史空间关系，弥补了城市形态重心的缺失和藏民心理地标的缺憾。工程竣工后，在当地藏族社会群体中反响强烈，成为街谈巷议的对象，人们喜悦之情溢于言表，甚至有人家在窗口朝着宗山焚香膜拜，对建成效果表达了集体的认同。

其二，在技术适应性方面，将高原山巅历史废墟的加固修复技术、保持地貌和保存遗址的底部架空重建技术、历史原貌复原技术、复杂地质基础处理技术等，综合应用于这座大型历史地标性建筑的恢复工程，既满足了社会各界对历史地景的观瞻诉求，同时也兼顾了保存部分和复原部分的可识别原则，强调要将后藏传统建造工艺的“低技术”，纳入保护和修复的综合技术应用。

其三，在经济适应性方面，该项目采取量入制出的原则，使如此复杂的高难度山巅工程，仍能将室内外造价严格控制在投资范围内，以相对低廉的费用满足了宗山博物馆的基本展示需要（包括日喀则地区 18 个县市的展示空间安排）。

工程设计概况：

委托单位 上海市人民政府对外合作交流办公室
设计单位 同济大学建筑设计（集团）有限公司
设计深度 方案、扩初、施工图
建成竣工日期 一期 2007 年，二期 2010 年

工程设计负责人 常青：历史形态研究、总体构思及设计全过程控制
丁洁民：结构设计总体控制，施工全过程总协调
华耘：建筑施工图总体控制
参加建筑设计人员 严何、姚威、殷勇、胡涛、陈曦、陈捷、齐莹、刘旻
参加室内设计人员 张栩、俞文斌、邵英俊
参加结构设计人员 万月荣、龚进等
参加设备设计人员 杜文华、葛建忠等
竣工摄影人员 张嗣烨等

图 78 日喀则历史天际线的再现

其四，在环境适应性方面，该项目在遗址山体的后方另辟施工道路和场地，整个施工过程保持了对周边风土环境和城市生活最低限度的干扰。

总之，该工程将当地传统材料、工艺与现代建造技术有机结合，探索了废墟状态历史空间的特殊呈现方式，竣工后一举恢复了日喀则市的城市历史天际线，对民族地区建筑遗产的保存、修复和利用做出了新的探索。

Synopsis

The Sangzhutse Fortress, popularly called "Little Potala", was a hill-top fortress landmark in the center of Shigatse city in Tibet that acted as the commanding point of the city. In terms of scale and grandeur, Sangzhutse Fortress was only second to Potala Palace in Lhasa, which was completed 330 years after Sangzhutse Fortress. Unfortunately, it was destroyed in the 1960s during the political turmoil. In 2004, with the support of the Shanghai Financial Aided Program Office for Tibet and Xinjiang, both the local department for cultural administration and the social organization of Shigatse city sought to restore the Fortress as a local Tibetan folk-art museum. In the following three years, Chang Qing Studio and the Design Institute of Tongji University took charge of the "Preservation and Restoration of the Sangzhutse Fortress" project. Today, this fortress has returned to Shigatse as a landmark of the city and a spiritual anchor for the Tibetan people, as it used to be in history.

The significance of the project lies not only in the preservation of the ruins and the physical restoration of the demolished part, but also in the restoration of the spirit, especially the psychological landmark destroyed in the twentieth century. More importantly, the project has helped in reviving the local culture through the preservation and restoration process. It was necessary and possible to reconstruct the fortress to get back what had been lost, thus the restoration process took rigorous references to the principle of authenticity to revive the symbolic value of the spiritual place and return the typological value of the architectural monument.

The project aims to revive and sustain the vital landscape of Shigatse city through the recovery of the historical skyline of city. The project is also a response to the emotional appeal of the local Tibetan people, who for many years had made proposals to the city council for the restoration. The functional of the fortress after restoration is a folk-art museum, and is the first of its kind in Tibet. It is intended to play a significant role in preserving and sustaining the local traditional cultures.

Project Background

Shigatse is the second largest city in the Tibet Autonomous Region of China and located in the center of Tibet. It became the seat of successive Panchen Lamas (from the 4th onwards) since the late Ming Dynasty. In addition, Shigatse was once the political center of Tibet starting at the end of the Yuan Dynasty and the beginning of the Ming Dynasty. According to historical documents, such as "Yuanshi Baiguanzhi" (Records of Officials in the History of the Yuan Dynasty), during the Zhizheng period (1341—1370) of the Yuan Dynasty, the central government of China began to administrate Tibet. Recorded in "The History of Lang family", a Tai Situ by the name of Changchub Gyaltsen (1302—1364) from the Tibetan upper-class Lang family led the Pazhu Gagyu faction to replace the Sagya faction as the governing regime. They abolished the "Ten-Thousand Household System", and divided Tibet into 13 large "dzongs" (religious administrative units). Meanwhile, they moved the political center from Shalu to present day Shigatse, and built large fortified buildings known as "Shika Sangzhutse", which was simplified to "Shikatse", from which derived the name of the city "Shigatse". In fact, Sangzhutse Fortress was built 330 years earlier than Potala. Thus, it is popularly believed that the Potala Palace was influenced directly in form, aesthetics and construction by the Sangzhutse Fortress.

Historical documents and paintings show that Sangzhutse Fortress and Potala Palace closely resemble each other in form and aesthetics. They both have a red complex in the center flanked by two white complexes. The only differences are in their dimensions and details. Sangzhutse Fortress was smaller than Potala Palace in size, but it reached an impressive height of 92m at its peak point from the foot of the mountain, and spanned 230m across. The fortress had an internal area of 5,880m^2. Between 1922 and 1925, about 560 years later after the Sangzhutse Fortress was built, there was a rehabilitation made by the local government. Actually most of the historical photos existing today were taken after that. Fortunately we found a picture taken by Sven Anders Hedin (1865-1952) who came to Shigatse in 1907 and took a photo showing the outlook of the fortress before the rehabilitation. This picture is a vital reference for our design. Moreover, we found the red - white surface of the Fortress from a color painting drawn by an Indian scholar Sarat Chandra Das (1849-1917). The painting shows us the red-and-white color scheme of the Fortress wall in around 1881. From the photo and painting, we assure that only a few changes were made before and after the rehabilitation in 1922-1925.

During the 1960s when the Cultural Revolution took place, Sangzhutse Fortress was seen as a hated symbol of the past slavery. In 1968, it was destroyed to ruins by the former slaves. However, the Sangzhutse Fortress was decided to be reconstructed 40 more years after the destruction as a physical and spiritual landmark of Shigatse city. The restored Fortress is used as a folk-art museum—the only one of its kind in Tibet. The exhibitions would focus on the historical transformation of the building, cultural relics, local folk crafts, and art works.

Project Scope

The whole project took three years, and underwent three stages:

Stage 1: Historical Research, Site Survey and Investigation of the Ruins

Time: April 2004 to July 2004

Professor Chang Qing and the project team went to the Qinghai-Tibet Plateau for the first time in 2004. In the following years they visited the area for more than ten times, investigating the site repeatedly and collecting historical materials. The ancient Tibetan literatures translated and explained by local Tibetologists were also studied carefully. During the investigation process, several historical pictures of Sangzhutse Fortress taken by a Swiss journalist over 60 years ago (the only ones known to be left) were discovered.

Stage 2: Architectural Design

Time: May 2004 to February 2005

The design integrated the preservation of the surviving ruins and the restoration of the destroyed parts of the fortress on its original bearing platform. The final design scheme was approved by a national appraisal committee consisted of experts and administrators for conservation. The design development and the construction drawings were finished in the following six months.

Stage 3: Construction

Time: March 2005 to March 2007

The height of the Tibetan Himalaya and the complicated terrain of the site caused many problems to the reconstruction. For example, it was very difficult to bring large construction machines to the site, but this was resolved by dissembling the machines for transport and reassembling them on site. The constant danger posed by the site work is exemplified by the unfortunate death of an engineer in the project team, who succumbed to altitude sickness.

The restored fortress is a four-storey structure with a dimension of 230m in width, 92m in height from the bottom of the mountain, and a floor area of 7,442m^2. The construction cost was about RMB 12 million.

Articulation of Heritage Values and Significance

The significance of the Sangzhutse Fortress lies in four aspects. First, as a historic monument, the 650-year-old fortress is a significant cultural heritage of Tibet, and a significant collective memory of Shigatse city. Second, it forms a significant part of the cultural landmark and landscape of Shigatse city and the whole Tibet as well. It is a masterpiece of Dzong Fortress architecture, which is believed to have influence on the magnificent architecture of Potala. Third, it is one of the most important spiritual anchors for the local Tibetan people, and has formed an indispensable part of the city skyline and part of the memories of the locals for some 650 years. Prior to its destruction, the fortress had been used continuously by the local people as a place of worship and pilgrimage. Finally, the remanences of the fortress stone wall and the masonry technique it shows, carries research value for historians and conservationists. However, as a complete building, the restored Sangzhutse Fortress with its new function has incurred greater educational value to the local community and visitors.

Appropriate Use

Symbolically, the restored Sangzhutse Fortress becomes an iconic landmark in the city' s skyline; culturally, it serves as a Tibetan folk-art museum that exhibits Tibetan cultural relics, folk art and folk crafts. The original historical fabric of the Fortress has been carefully preserved, with only necessary reinforcement to fulfill safety requirements. Based on historical research, the restored parts of the fortress have been constructed with traditional materials and techniques. There were two key parts of the re-construction: the lower terrace that is partially survived, and the upper superstructure that had been destroyed to a state of ruin.

The architectural space of the restored fortress emphasizes on "multi-functional cultural synthesis", which is dominated by the historic exhibition. The trapezoidal courtyard "Deyangshar" located at the south of the fortress can be used for holding religious celebrations such as the annual "Guduo Festival", during which the Panchen Lama gives sermons on a platform. Other courts and open grounds provide circulation spaces for large number of people. The red complex in the center of the fortress superstructure contains exhibition spaces and a hall for worship, while the white complexes on both sides contain exhibition and service spaces.

Technical Issues in the Restoration Process

In the schematic design phase, new technologies such as GIS and 3D visual technique were employed to match the reconstructed skyline with the historical skyline precisely. Then advanced information technology was combined with local low-tech techniques to preserve and stabilize the surviving fortress ruins, with minimal interventions taken only when safety is of concern.

Based on historical research, the demolished portion of the fortress was reconstructed in the traditional manner. Local traditional materials and techniques were used whenever possible, so as to integrate the new reconstruction with the preserved ruins. Reinforced concrete was only used in the critical load-bearing internal structure, while traditional materials and techniques were adopted in all external architectural elements . Local Tibetan craftsmen were involved in the reconstruction process.

The historical red and white complexes were restored with new additions. The existing ruins were preserved in its current appearance with no alteration to its shape and color.

For architectural elements that have no pictorial reference to verify from, such as the entrance gate and windows on the sides and ramp roads, references were made to the design of the similar elements in other comparable Tibetan fortresses.

Application of Appropriate Building Materials and Techniques

The design of the reconstructed building is based on detailed analysis of the site and the cultural character of Tibet in terms of religious symbolism of architectural decorations, types of finishing material and other architectural details.

Such details include door and window moldings, projecting eaves over doors and windows with double or triple rafters, multi-sets of Tibet-style brackets under grand porch, the “Shangbu” made of red, white and blue cloths between windows and eaves.

The doors and windows all have 30-40cm wide black frames that are wider at the bottom and narrower at the top, a configuration that conforms to the canting façade. Great attention is also paid to the differences of the window frame design in the different parts of Tibet, and the religious ornaments that appear on the cornices of the red complex, such as the scripture pillars and streamers made of metal, fabric and wool.

The restored fortress appears with red and white walls, while the southeast corner remains in its original ruinous appearance, but with strengthening for safety. The walls and floors are faced with local stones and wood. Local Tibetan craftsmen have been employed to apply traditional "Aga" clay paving to the building. This traditional construction material and technique used in the building interior will also serve to display the traditional local material and its application.

Integrating and Distinguishing Old and New

The ruins of Sangzhutse Fortress consisted of underground artifact and above-ground vestiges of the original fortress. Owing to the high and steep cliff and the complicated terrain of the site, and to show respect to the natural environment and Tibetan culture as well, the design team adopted a restoration approach in accordance with local Tibetan Dzong mountain design customs. The ruins were reinforced and stabilized, and the damaged terrace repaired and restored with traditional materials and technique. Then, the original stone walls were preserved and repaired with distinguishable but compatible new materials.

The restored building was laid out by conforming to the undulation of the terrain as in the traditional way of construction in Tibet. Historical images were extensively referred to so that the restored fortress superstructure would appear as similarly to its original as possible. The superstructure was reconstructed with traditional materials and techniques so that the restored fortress would capture the essential appearance and spirit of the original. A portion of the original ruins has been left in its ruinous state as a part of the whole restored fortress.

Project Impact

This project was supported by the local Tibetans enthusiastically. Local craftsmen were actively involved in the reconstruction process, and local residents offered great assistance during the initial site investigation and the subsequent reconstruction. They also prayed devoutly for the success of the project. The local public is motivated by the project. They participate more actively in conservation activities and many people start to learn the techniques required for the fortress maintenance in the future. For local young people, the project helps them to re-establish Tibetan cultural identity through the understanding of history and tradition. For elderly people of the community, the sight of the completed fortress revitalizes their memories and energizes their spiritual connection with the place.

The project has re-constructed Shigatse city’s historical skyline. The geographical restoration has helped in re-establishing the cultural and spiritual relationship between Sangzhutse Fortress and the Tibetan topography. It has also stimulated the collective memory of the place in the context of Tibetan culture and socio-history.

A local elderly Tibetan woman named Mrs. Chey recalled, before its destruction, the original Sangzhutse Fortress was used as a forbidding sentencing court with basement prison cells for the enslaved Tibetan people. The fortress therefore carried the negative symbol of past slavery and punishment, and was a place of terror for children. The restored fortress, now opened to the public with a folk-art museum, is a positive symbol of the future to local Tibetans, including Mrs. Chey herself.

Besides its social, cultural and spiritual benefits, the restored fortress is a potential catalyst for economic development through cultural tourism.

Project Methodology

The basic principle of “respecting the original state” is understood and carried out in the project in the following two aspects. One is to respect the physical original state, which is the ruins; the other is to respect the spiritual original state, which is expressed in the social, cultural and spiritual context of the city. Both aspects have been considered and applied to the restored building.

Respect for the physical original state is achieved by means of maximum retention of the original fabric of the fortress remains, with minimal necessary interventions taken out of safety concerns. To show respect to authenticity, all new additions are distinguishable from the old fabric in terms of material texture, shape and style.

Respect for the spiritual original state is achieved by means of returning the ruined fortress to its complete state, which was both a landmark in geographical landscape and an anchor in the spiritual mindscape as a place of worship and pilgrimage. To restore the spiritual quality, authenticity of the restored building is critical to evoke the spiritual collective memory of the local people. This is achieved through comprehensive study of historical documents and rigorous application of local traditional materials and techniques. Tibetan craftsmen were employed to re-create authentic Tibetan architectural ornamentation that embodies rich symbolic meanings with which only local craftsmen are familiar.

Attention has also been paid to the collective memory of local Tibetan people. In this regard, the project team interviewed a sizable number of elderly people who were familiar with the original fortress. Many detailed information that could not be found in the historical photographs, such as the position and form of the original entrance doors, side windows and the ramp roads, was obtained in this way. Hence, oral history is an important method to build up the detailed architectural database for the restoration plan.

In the city scale, the project team sought to re-construct the historical skyline of Shigatse city by the fortress restoration. Thus, an accurate representation of the fortress form in the natural terrain is important. This was achieved by mapping the historical form onto the natural terrain and letting the existing site levels determine the re-created interior architectural layout (which has made reference to compatible buildings in Tibet).

The lessons learned from this project are valuable and potentially applicable to other projects.

The project will be recorded in the Tibetan annals as a significant cultural event in Tibet. It won the Excellent Design Award of the Architectural Society of Shanghai in 2008, the first prize of the Ministry of Education Excellent Design Award in 2011, the first prize of the National Civil Engineering and Surveying Excellent Design Award in 2011, and the Gold Medal of the Architects Regional Council Asia Award for Architecture in 2015.

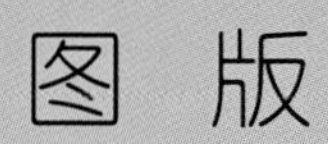

图 版

Illustration

图版 1　修复后的桑珠孜宗宫与历史影像比较

图版 2　修复后的桑珠孜宗宫全景

图版 3 布达拉宫全景

图版 4　修复后的桑珠孜宗宫近景（东南方向）

图版 5　布达拉宫近景（东南方向）

图版 6 修复后的桑珠孜宗宫（西南方向）

图版 7　自药王山白塔旁望布达拉宫（西南方向）

图版 8 从西北方向看修复后的桑珠孜宗宫

图版 9　桑珠孜宗宫修复后的日喀则老城天际线

图版 10　西南向通往桑珠孜宗宫的衮沙林村村口

图版 11　衮沙林村巷道空间

图版 12　衮沙林村典型后藏碉房

图版 13　从衮沙林村望修复后的桑珠孜宗宫

图版 14　修复后的桑珠孜宗宫东南角

图版 15　修复后的桑珠孜宗宫西部景观轮廓

图版 16　复原后的桑珠孜宗宫西侧蹬道

图版 17　复原后的桑珠孜宗宫白宫东南转角

图版 18　桑珠孜宗宫红、白宫东侧交界处

图版 19 桑珠孜宗宫白宫转角露台

图版 20 由西东望德央厦

图版 21　由东西望德央厦

图版 22　桑珠孜宗宫宫楼内天井之一

图版 23　桑珠孜宗宫宫楼内天井之二

图版 24　桑珠孜宗宫红宫入口景观

图版 25 桑珠孜宗宫红宫藏式门头

图版 26 从桑珠孜宗宫红宫大门内外眺

图版

宗山博物馆藏风门厅

图版 28 宗山博物馆藏风过厅之一

版 29 宗山博物馆藏风过厅之二

图版 30 宗山博物馆大厅藏风楼梯

图版 31 宗山博物馆藏风大厅

图版 32　宗山博物馆大厅藏风壁饰

图版 33　宗山博物馆展厅之一

图版 34　宗山博物馆展厅之二

图版 35 宗山博物馆展厅之三

图版 36　宗山博物馆外廊

图版 37 宗山博物馆藏风报告厅

图版 38 宗山博物馆藏风接待厅

图版 39　梦境中的桑珠孜宗宫

主要参考文献

(1) 司马迁 . 史记 [M]. 北京 : 中华书局 ,2000.

(2) 范晔 . 后汉书 [M]. 北京 : 中华书局 ,1988.

(3) 魏征 , 等 . 隋书 [M]. 北京 : 中华书局 ,1997.

(4) 刘昫 , 等 . 旧唐书 [M]. 北京 : 中华书局 ,1997.

(5) 欧阳修 , 等 . 新唐书 [M]. 北京 : 中华书局 ,1982.

(6) 宋濂 , 等 . 元史 [M]. 北京 : 中华书局 ,1976.

(7) [古印度] 阿底峡尊者 . 柱间史——松赞干布的遗训 [M]. 卢亚军 , 译注 . 北京 : 中国藏学出版社 ,2010.

(8) 大司徒·绛求坚赞 . 朗氏家族史 [M]. 赞拉·阿旺 , 佘万治 , 译 . 陈庆英 , 校 . 拉萨 : 西藏人民出版社 ,1989.

(9) 索南坚赞 . 西藏王统记 [M]. 刘立千 , 译注 . 拉萨 : 西藏人民出版社 ,1985.

(10) 觉囊达热那他 . 后藏志 [M]. 佘万治 , 译 . 阿旺 , 校 . 拉萨 : 西藏人民出版社 ,2002.

(11) 第五世达赖喇嘛 . 西藏王臣记 [M]. 郭和卿 , 译 . 北京 : 民族出版社 ,1983.

(12) 佚名 . 西藏记 [M]. 北京 : 中华书局 ,1985.

(13) [德] 阿塔纳修斯·基歇尔 . 中国图说 [M]. 张西平 , 杨慧玲 , 孟宪谟 , 译 . 郑州 : 大象出版社 ,2010.

(14) [印] 萨拉特·钱德拉·达斯 . 拉萨及西藏中部旅行记 [M]. 陈观胜 , 李培茱 , 译 . 北京 : 中国藏学出版社 ,2005.

(15) [瑞典] 斯文·赫定 . 失踪雪域 750 天 [M]. 包菁萍 , 译 . 乌鲁木齐 : 新疆人民出版社 ,2000.

(16) 原日喀则宗的建制沿革与行政体制 [M]. 次仁班觉 , 译 // 阿旺久美 , 日喀则地区文史资料编辑委员会 , 编 . 日喀则地区文史资料选辑 (第一辑). 拉萨 : 西藏人民出版社 ,2006:48-52.

(17) 尹伟先 . 明代藏族史研究 [M]. 北京 : 民族出版社 ,2000.

(18) 中国科学院自然科学史研究所 . 中国古代建筑技术史 [M]. 北京 : 科学出版社 ,1985.

(19) 万月荣 , 龚劲 . 桑珠孜宗堡修复工程设计文件 [R]. 上海 : 同济大学建筑设计研究院 ,2005.

(20) 常青 . 历史建筑保护工程学 [M]. 上海 : 同济大学出版社 ,2014.

(21) 常青 , 严何 , 殷勇 . "小布达拉" 的复生——西藏日喀则 "桑珠孜宗堡" 保护性复原方案设计研究 [J]. 建筑学报 ,2005(12):45-47.

(22) 常青 . 桑珠孜宗堡历史变迁及修复工程辑要 [J]. 建筑学报 ,2011(5):1-8.

(23) Hedin S.My Discoveries in Tibet[J]. McClure's,1908,CXVII.

(24) Krull D.Memento Frauenkirche:Dresden' s Famous Landmark as a Symbol of Reconciliation[M]. German-English issue,Edited by Ipro Dresden.Berlin:Verlag Bauwesen /Huss Med,2005.

图片来源

插图

图 1　唐卡中的绛曲坚赞像 / 来源：http://www.baike.com/wiki/%E7%BB%9B%E6%9B%B2%E5%9D%9A%E8%B5%9E&prd=button_citiao2_search

图 2　江孜宗山天际线 / 常青摄

图 3　江孜宗山敦实低矮的板门 / 常青摄

图 4　江孜宗山室内 / 常青摄

图 5　贡嘎宗堡遗址 / 来源：http://blog.sina.com.cn/s/blog_461120cb0100krwn.html

图 6　历史上的桑珠孜宗宫 / 陈宗烈摄

图 7　布达拉宫壁画中的五世达赖喇嘛觐见清顺治帝图 / 来源：https://commons.wikimedia.org/wiki/File:5th_Dalai_Lama_having_an_audience_with_Shunzhi.png

图 8　中国西部平顶密肋结构的建筑类型及谱系分布简图 / 常青研究室绘

图 9　羌族碉楼结构示意图 / 常青研究室绘

图 10　藏族碉房结构示意图 / 常青研究室绘

图 11　典型的藏族碉房门头下汉藏混合式斗拱 / 常青摄

图 12　山南乃东县泽当镇的雍布拉康（藏族文献多传其曾为第一代藏王聂赤赞普宫殿）/ 来源：http://www.xznd.gov.cn/cgly_3489/201508/W020150820647966447802.jpg

图 13　山南琼结第九代赞普布代贡杰始建的青瓦达孜宫遗址 / 来源：http://www.eyub.com/img/eyub.jpg

图 14　始建于 10 世纪的阿里札达古格王国遗址 / 来源：http://p.chanyouji.cn/1371339342/BF15BE3B-9003-4BFD-8F4C-2C78FD434D8A.jpg

图 15　始建于 13 世纪的山南曲松拉加里王宫遗址 / 来源：http://blog.163.com/stone_317/blog/static/88109201162105955157/

图 16　冈底斯山 - 冈仁波齐峰 / 来源：http://www.furead.com/wp-content/uploads/2013/02/114.jpg

图 17　青藏高原上的玛尼堆 / 来源：http://img5.uutuu.com/data5/a/ph/large/071226/cf56c95d4d9d2077c6adad7eaac35caf.jpg

图 18　从桑珠孜宗宫废墟看建筑的基底线及与山体的镶嵌关系 / 常青摄

图 19　清乾隆年间故宫藏唐卡《松赞干布画像》/ 来源：http://www.dpm.org.cn/shtml/117/@/5747.html?query=%E6%9D%BE%E8%B5%9E%E5%B9%B2%E5%B8%83

图 20　布达拉宫法王洞外景 / 来源：http://img1.likefar.com/images/201011/1289268438.jpg

图 43　德国德累斯顿圣母大教堂修复前的废墟 / 来源：Krull D.Memento Frauenkirche: Dresden’s Famous Landmark as a Symbol of Reconciliation[M].German-English issue, Edited by Ipro Dresden.Berlin: Verlag Bauwesen /Huss Med, 2005.

图 44　德国德累斯顿圣母大教堂修复后 / 来源：Krull D.Memento Frauenkirche: Dresden’s Famous Landmark as a Symbol of Reconciliation[M].German-English issue, Edited by Ipro Dresden.Berlin: Verlag Bauwesen /Huss Med, 2005.

图 45　笔者绘桑珠孜宗宫复生想象草图 / 常青绘

图 46　笔者绘桑珠孜宗宫修复示意草图 / 常青绘

图 47　桑珠孜宗宫复原方案之一：疗伤 / 常青研究室绘

图 48　桑珠孜宗宫复原方案之二：理容 / 常青研究室绘

图 49　桑珠孜宗宫空间格局剖析图（红宫前为下沉式广场——德央厦）/ 常青研究室绘

图 50　桑珠孜宗宫修复总平面图 / 常青研究室绘

图 51　桑珠孜宗宫功能分析图 / 常青研究室绘

图 52　桑珠孜宗宫流线分析图（上，外部交通；下：内部交通）/ 常青摄

图 53　桑珠孜宗宫西侧外景 / 常青摄

图 54　桑珠孜宗宫西侧蹬道 / 常青摄

图 55　桑珠孜宗宫白宫西大门 / 常青摄

图 56　扎什伦布寺德央厦的班禅说法仪式 / 常青研究室绘

图 57　从桑珠孜宗宫堡台下的敞廊不同高度视点看德央厦 / 常青摄

图 58　保存加固桑珠孜宗宫堡台废墟 / 常青摄

图 59　桑珠孜宗宫堡台基础架空结构示意图 / 设计团队结构工种绘

图 60　保持修复前现状的一段桑珠孜宗宫堡台废墟 / 常青摄

图 61　桑珠孜宗宫堡台地下二层平面图 / 常青研究室绘

图 62　桑珠孜宗宫堡台地下一层平面图 / 常青研究室绘

图 63　桑珠孜宗宫堡台顶层及宫楼首层（门厅）平面图 / 常青研究室绘

图 64　桑珠孜宗宫宫楼二层平面图 / 常青研究室绘

图 65　桑珠孜宗宫宫楼三层平面图 / 常青研究室绘

图 66　桑珠孜宗宫宫楼四层平面图 / 常青研究室绘

图 67　桑珠孜宗宫屋顶平面图 / 常青研究室绘

图 68　桑珠孜宗宫正立面（南）比选方案 / 常青研究室绘

图版

附录

附录一 桑珠孜宗宫修复工程大事记

2004 年 4 月

上海市政府对外合作交流办公室暨同济大学联合考察团赴宗宫遗址现场考察。首次进行踏勘调研，确定地形和废墟分布范围。起草宗宫修复工程计划书。

2004 年 10 月

完成堡台废墟保存加固和宫楼保护性复原设计方案，经全国专家论证会审议通过。

2005 年 4 月

完成一期工程扩初和施工图。

2005 年 11 月 6 日

工程正式开工。同济大学以代理甲方身份负责一期工程总体协调。期间设计团队先后十余人次赴现场工作。

2005 年 12 月

《建筑学报》刊出宗宫设计方案，《中国建筑艺术年鉴》收录。

2006 年 5 月

设计团队集体获同济大学校长奖。

2007 年 3 月

一期修复工程竣工。

2007 年 4 月

作为两大代表性工程设计之一纳入同济大学百年校庆纪念册。

2007 年 5 月

设计工作小组赴宗宫现场调研，确定二期工程设计计划。

2008 年 1 月

宗宫修复工程设计获上海市建筑学会建筑创作奖优秀奖。

2008 年 4 月 20 日

《人民日报》第 4 版整版刊出宗宫修复工程长篇报道。

2008 年 10 月

二期室内博物馆设计工作基本完成。

2009 年 4 月

应邀参加美国麻省理工学院建筑学院同济设计作品展。室内工程施工开始。

2010 年 5 月

室内工程竣工。开馆后成为西藏第二个国家注册的博物馆。

2011 年 1 月

完成宗宫历史变迁及修复工程研究报告，并应邀在德国柏林纪念伯尔士曼（Ernst Boerschmann，1873—1949）的国际会议上宣读。工程设计先后获教育部优秀工程勘察设计一等奖，全国优秀工程勘察设计行业奖一等奖。

2012 年 9 月

应邀参加米兰建筑三年展。

2014 年 6-10 月

应邀参加悉尼大学建筑学院“历史空间的未来”同济专题展。

2015 年 8 月

应邀参加上海首届国际建筑遗产保护博览会。

2015 年 11 月

获亚洲建筑界最高奖——亚洲建筑师协会建筑金奖。

附录二 旧日喀则宗的建立及行政体制简记

编者按：本文由边巴次仁译自西藏人民出版社出版发行、日喀则地区政协文史资料编委会 2005 年 4 月编著的藏文版《日喀则文史资料选辑》（ISBN7-223-01794-5/.48）第 57 页至第 63 页的全文。文中圆括号内文字为原书注释，方括号内文字与页下注未作特殊说明者为译者注。为符合汉语语言规范，编者参照《日喀则地区文史资料选辑（第一辑）》（西藏人民出版社，2006 年版）中《原日喀则宗的建制沿革与行政体制》一节对本文进行了个别文字与标点符号的调整，并对一些译者并未注出的藏语音译宫殿名称和专有名词增补了随文注释，以“编者注”区别于译者原注。

（一）日喀则宗的建立

第六热琼纪年法藏历木马年公元 1354 年，元皇帝妥欢贴睦尔封赤奔强久杰赞 [即绛曲坚赞，编者注] 为大司徒即丞相之位，并赐能接管全藏政权的谕旨和官印，从此帕珠政权正式建立。大司徒成为西藏地方政权的主宰者后，于第六热琼火鸡年公元 1357 年建了加孜赤古宗、魏卡达孜宗、贡嘎宗、乃乌宗，次年土狗年（公元 1358 年）建了庄园查嘎宗，另外还建了庄园桑珠孜宗、仁布宗、白朗伦珠孜宗等 13 座大宗。其中庄园桑珠孜宗是这个时期建成的最后一座宗。自此以后制定了每个宗下派宗本，每三年换派新宗本，每位统治者每年轮流亲自赴各地调查的制度。自第六热琼土狗年公元 1358 年建宗，到第九热琼木牛年公元 1565 年仁布庶民邢夏 • 次旦多吉 [即藏巴汗，编者注] 推翻仁布巴政权期间，庄园桑珠孜宗一直处于宗一级 [行政地位，相当于县一级。方括号内非特殊说明者均为译者加注，下同。] 的地位。从公元 1565 年藏巴德巴 [即藏巴汗，编者注] 占据庄园桑珠孜到第十一热琼水马年公元 1642 年未丧失政权前，此宗被定为藏巴德斯行政的中心。公元 1642 年，苦智丹增曲杰 [即固始汗，编者注] 推翻藏巴汗，并将政权奉于五世达赖喇嘛后，噶丹颇章（噶厦）执政时期的“五域之宗”和基宗 [总管宗] 等，仍旧处于宗一级的地位。

（二）关于宗的形状面积

大司徒强久杰赞建喜孜宗 [即桑珠孜宗] 约 560 年后，因 [宗] 已变得衰旧，十三世达赖喇嘛土丹嘉措时期，即藏历水狗年公元 1922 年，命喜孜基宗亩恰智布和拉普喜堆 [庄园代理人，编者注] 孜冲 [僧官，编者注] 土登列谢共承建设管理责任、维修之命，历时 3 年，进行了宗宫维修和宗山脚前东、西噶尔康 [粮仓] 的建造等①。

喜宗 [即桑珠孜宗] 未毁前②的形状略像布达拉宫，宗宫占地 19 266.27 平方米，房屋面积

① 译者认为，1922 年的维修仅仅是因为宗宫衰旧而进行的修复。据史料，能看出宗建成后虽政权更替频繁，但未有毁灭建筑的记载，而是各朝野轮流坐庄于宗。况 1922 年的维修工期 3 年，按照当时建筑技术和生产资料的发展程度，3 年重建一座宗宫恐怕艰难，故认为宗宫并未在 1922 年前的 560 多年里遭受过毁灭性破坏。

② 此文中“未毁前”应该指的是“文革”时期宗宫被毁灭之前。因为该文在此段讲述宗宫的外形，称毁前的外形略像布达拉宫，言外之意就是被毁后就不像了或者没法像了。况此文将宗的历史从建立一直讲到西藏和平解放，期间没有任何受破坏的记载。而后来的毁灭，也许编著者认为不用记载叙述，编著此文时期（2005 年）惨不忍睹的宗宫废墟仍像一块难看的伤疤一样在这个后藏城市的面颊上，比任何文字都生动！很多鼓动、指使、参与毁坏的人当时还健在，还用得着叙述和记载吗？

9 004 平方米。中间有红宫四层，宗宫大门三扇：东大门朝西，前阁大门朝东，西大门朝西。每扇大门顶上均有防御碉眼。中间的红宫从德央厦向上有五层楼高，其中底层以土石充满。

实用的第四层东面有五世达赖喇嘛的两处居室和储衣室、厕所。其西为锂玛拉康 [铜像殿堂]；次西为 16 柱 [从前西藏的房间大小以柱数和梁数为单位] 衮司普章 [皆观殿]，此殿东、西、北各有一门；次西有 2 柱颠衮的一护佑殿堂；次西为艾嘎杂滴护佑殿堂，此殿朝北的里间北门贴有一盖着暗红色印章的封条（据说此间藏有藏巴德巴时期的重要佛像等）。北为厕所。东为尼威钦慕 [大阳光之意][即日光大殿，编者注]；次东为厨房两间；次东为拉姆斯杰玛护佑殿。

第三层：内普章康松司南 [威震三界殿，编者注]4 柱。其西为西门朝北的 8 柱房；次西为通向西门廊道的梯子头；次西为僧舍一梁。向北为有走廊、门朝南的加查拉康 [加查为铁栅栏，拉康为殿堂]。南为卓玛拉康 [度母殿]6 柱，其西为僧舍 2 柱，南为厕所和僧舍 1 柱。大厅上面系公共清洁工居室，大小共 5 间。

第二层：喜宗大厅 30 柱，朝南凉台 2 长柱，大门朝东，南面有上楼的密门，此南面为 4 间总管的库房。

第一层：大厅下面有一叫郎塞 [财神天王] 库房的大仓库，其东面和西面分别为粮库、盐库和桑阿林 [密宗院] 与舞巴林 [猫头鹰院] 每年举行除旧仪式的会堂。

红宫之西有宗虚冲 [官名] 的居室两层，加上楼上后来新建的卧室和下面的马厩、牛棚，三层楼共计大小 26 间房子，厕所 4 间。红宫东面有喜珠康、来夏 [办公室] 等，两梯以上三层楼共计大小 15 间房，厕所 2 间。东侧为清洁工居室等 20 间，厕所 2 间。下面为大门朝西的监狱，有门朝北的牢房 2 柱，北面是门朝南的牢房 1 柱。其东面的阳台棚下有一间只有天门 [天花板上的门，顶门] 的地牢；次东门朝西的 4 柱牢房之下是 12 间只有天门的地牢。红宫的东端有宗孜冲的居室两层和马厩，东大门内上下共有 24 间房子。德央厦东面有贝哈杰布护佑殿；德央厦的东南有宗东、西的清洁工住房等 20 间，厕所 1 间；德央厦上面有两扇天门，其下为十八噶尔就等的各谷仓和向东通向深层的十层楼深的通道。

(三) 关于政权变更和驻宗人员

帕珠政权时期驻宗人员方面，据史料记载有仁布巴 [仁布派或仁布部落之意] 罗布桑布、琼结巴［琼结派或琼结部落之意］霍尔班久桑布和仁布巴顿珠多吉、巴丹曲炯等人。帕珠政权内讧时期阿旺扎西扎巴杰赞夺取了帕珠政权。之后桑珠孜宗本由前仁布巴邢夏·次旦多吉担任，因怕民反，他从仁布巴手里取得了政权后，自第九热琼木牛年公元1565年执政至第十一热琼水马年公元1642年，认为藏巴德巴执政期间喜宗桑珠孜［庄园宗桑珠孜］只是作为执政中心，并无“宗”和“宗本”的概念[①]。此后藏巴［藏巴德巴］下达了不允许寻找四世达赖喇嘛云丹嘉措之转世灵童的禁令。

公元1618年藏巴德斯突发大病，请了诸多医生而不愈，在濒临生死边缘之时，不得不邀请四世班禅洛桑曲吉杰赞，由于班禅的治疗，藏巴才得以脱险病，藏巴德斯为了向四世班禅洛桑曲吉杰赞感恩，拟将一曲喜［供宗教场所用的庄园］供奉给扎西伦布寺阿巴扎仓［密宗僧院］，但四世班禅洛桑曲吉杰赞坚决不接受馈赠，说只要允许寻找杰旺云丹嘉措的转世灵童即可。藏巴德斯也不得不接受，遂将先前不允许寻找杰旺云丹嘉措之转世灵童的昭示作废，杰旺云丹嘉措的转世灵童因此才得以公开寻找，并于第十热琼水狗年公元1622年五世达赖喇嘛加以认定和命名，从琼结迎请到哲蚌寺，坐了前任的宝座，担任了前任的职务。此后，苦智丹增曲杰的军队将藏德［后藏或藏巴德巴的简称］噶玛丹炯旺布的势力彻底毁灭后夺取了藏巴政权，将五世达赖喇嘛从哲蚌寺迎请到喜宗［即桑珠孜宗，编者注］的普章康松司南宫殿之王座，奉为政教合一的权主。自此，噶丹普章的执政时期开始了，此喜宗被定级为：聂啊白宗［五域之宗或五级之宗］。宗本换届任职流动依次为：玛康瓦、帕尔措瓦、玛尼岗瓦、吧嘟囔吧、德纳瓦、基德瓦、孜冲嘎旦丹巴、虚冲喜孜吉堆巴、噶尔加瓦孜冲阿旺曲扎。

木兔年公元1915年雄拉矛盾加剧时期，西藏地方政府将喜孜宗［日喀则宗］升为后藏地区的基宗［总管宗］，并任命两位“堪”级（堪琼色木瓦、仁西加喔）[②]。官员任职流动为：①堪琼洛桑顿珠，仁西木恰之父恰多次仁；②堪琼噶本家洛桑南杰，仁西玉妥赛；③堪琼挪古托开［西门阁楼］土登阿旺，仁西热孑巴；④堪琼色张洛桑巴丹，仁西桑林巴；⑤堪琼桑卡瓦，仁西顶恰；⑥堪琼土登热央，仁西郎塞林巴；⑦堪琼吞巴强巴凯珠，太其松浦巴。以上官员从公元1915年到1953年期间在基宗共任职了38年。 公元1951年西藏获得了和平解放，依照《十七条协

① 此句似为原著者的推想，省略了主语，句末有谓语“认为”。
② 堪，佛教寺庙主持堪布的简称，堪级疑为堪布级别的僧官。

议》中第六条的精神，达赖喇嘛和班禅额尔德尼的固有地位及职权，系指十三世达赖喇嘛与九世班禅额尔德尼彼此和好相处时的地位及职权。依照恢复火鸡年［疑为公元 1357 年］前体制的精神，将喜孜宗恢复到原来的聂啊白宗。封驻宗官员为：①孜贞土登尼玛、列参恰聪巴——地方政府虽依照《十七条协议》取缔了“基宗”，但新封了藏基［后藏总管］；②孜贞土登次配和东纳塞次丹班久，两人任职到 1959 年。从公元 1915 年的基宗到松宗全部合一统计，其公差人员为：僧俗宗本［相当于县官］2 个，秘吏 5 个，宗的房管 3 个，嘎尔康［粮库］房管 2 个，组差 8 个，措本 4 个，杂聂［疑为饲料管家］2 个，尼囊 7 个，公共清洁工 3 个，宗东、西清洁工各 6 名和木料管家［柴火管家］各 1 名、巡逻人员 3 个，2 个管家、2 个草料管家分别从各宗的差役中选用。

附录三 日喀则重现“小布达拉宫”——日喀则桑珠孜宗堡修复纪事①

“今年回家路上，刚到日喀则市，远远看到重建的位于城北日光山上的宗宫殿，显得格外壮观……”一位西藏网民在自己的博客里这样写道。

“小布达拉宫”，日喀则地区的古老建筑和新鲜景观，是上海市近年来完成的一个特殊的援藏项目。

桑珠孜宗堡，曾以山巅宫堡式的“小布达拉宫”闻名

作为西藏自治区第二大城市的日喀则，历史上有两处宏伟的纪念碑式建筑，一处是著名的扎什伦布寺，它是历世班禅大师驻锡之所，屹立至今，并有增建；另一处，则是鲜为外人所知，却在当地享有极高声誉的桑珠孜宗堡，人称“小布达拉宫”。

桑珠孜宗堡的历史，可追溯到 600 多年前。元顺帝钦封的“大司徒”强曲坚赞掌统全藏大权，将藏区划分为 13 个大宗，在每个宗修建了一座宫堡式建筑，集合寺庙与政府的功能。掌管日喀则地区事务的桑珠孜宗堡，是最后一个建造的，1363 年落成，不仅建筑技巧纯熟，规模也最大

① 姜泓冰．日喀则重现“小布达拉宫”——日喀则桑珠孜宗堡修复纪事[N]．人民日报，2008-04-20(04).

最漂亮。宗堡分四层，有房屋300多间。最上层曾为五世达赖寝舍，他在宫中举行过执政庆典；第三层供奉佛像及宗教用品，曾收藏全套《甘珠尔经》《丹珠尔经》；下面两层，设有宗政府办事机构、卫队和司法机关、牢狱、仓库等。

拉萨的布达拉宫初建于公元7世纪，后毁于火灾，其形制风格与今天不同。据说，五世达赖喇嘛在清朝康熙年间重修布达拉宫时，正是以日喀则桑珠孜宗堡建筑作样板，只是在规模上有所扩大、增高。

桑珠孜宗堡称得上西藏城堡建筑中出类拔萃的代表作。它东西向长280米、高92米，占满整个日光山顶，既高大峻拔，又典雅俊秀。只是，木石结构的宫堡，因岁月侵蚀和“文革”时期的破坏逐渐损毁，只剩城台的一些断壁残垣。

“重新修复日喀则宗堡，已成当地居民的向往。我想，这一天终将到来。”一位西藏文化研究者曾在文章中这样写道。

精心设计，“疗伤”和“理容”，从废墟中复原灿烂的宗教文化

2004年，这意愿变成了上海第四批援藏计划的一部分，预算投资3 000万元，是该批援藏项目中单个工程投人最大的重点项目。上海市政府委托同济大学牵头进行桑珠孜宗堡重建工程的前期研究、设计、招标、施工和监理。同济为此专门成立由校主要领导为组长的工程研究专家组，长期从事建筑历史、风土建筑保护与更新研究的同济大学建筑系教授常青担任工程设计负责人。

“桑珠孜宗堡已是一片废墟，承重的木梁柱和装修构件荡然无存。总算找到三张老照片，才看到它的旧貌。”2004年春，常青第一次攀上日光山顶，发现宗堡毁坏严重且历史资料匮乏。

如何恢复原貌？在对当地文化、宗教作了深入调查研究之后，由同济大学副校长陈小龙、设计研究院院长丁洁民和常青等人主持的专家组认为，复原性重建应以桑珠孜宗全盛时期的建筑风格为主调，适当参照布达拉宫等“山巅宫堡式”建筑群的典型特征。

2004年底，桑珠孜宗堡重建工程设计方案在成都通过全国专家论证会的鉴定。短短几个月，常青等人做出了“疗伤”和“理容”两套外观设计方案。“疗伤”，重在修复废墟，保持原石材肌理，使得宗堡与山体浑然一体，展现浓厚的历史沧桑感；“理容”，则强调历史无法完全复原，修复外观时力求创新，比如添加了歇山和攒尖金顶，采用红宫、白宫的色彩区分，以强化景观效果，并与扎什伦布寺的金顶遥相呼应。

而且，两种方案都是按照藏式宗山建筑尊重自然、因山就势传统，原址原貌修复堡墙，再以山地的起伏关系错落布置建筑空间，尽可能少动土石方。由于外侧堡墙向内收，墙体与山体结合处形成了蜿蜒的交界线，使建筑看上去仿佛是从岩石中生长出来的一般。

专家们的最终选择，是将两者折衷：既利用了残旧宫基，又分出了红宫、白宫。除了现代建筑骨架和细部的创新之外，更偏向于忠实还原历史原貌：舍弃了能提供漂亮景观的攒尖金顶；还在宗堡东侧留下 30 多米长的废墟，只加固而不修复，以求保存一页历史真实。为尊重历史，常青甚至要求设计团队把设计方案覆到历史照片上面，屋檐、门窗、楼梯和整个宫殿轮廓要丝毫不差。

新生的桑珠孜宗堡，将成为“多功能文化综合体”

施工过程困难重重。所有作业都在原有残墙基础上进行，大型施工机械无法施展，小型设备大多只能拆散后拉上山再拼装；建筑部件要按藏式原样建造，还得采用“边玛”檐墙、阿嘎土等传统工艺。为了建筑的实用、坚固，也要不露痕迹地加入打桩、建框架结构等现代建筑手段。两年间，工程组成员夜以继日、加班加点地连续奋战。为了保证工程质量和解决技术问题，专家和技术人员在气候寒冷、空气缺氧的季节照样进藏。

虽然在国内主持过许多地方的传统建筑风貌保护和重建项目，但要在有着独特佛教信念和地域文化的西藏重建历史建筑，做到外观“修旧如旧”，细节真实，常青仍有些担心。设计阶段后期，他们根据专家审定的方案，制作成建筑模型。恰逢一个西藏自治区文化代表团到上海，便被请到同济。对着精巧的桑珠孜宗堡模型，一些藏族同胞当即激动得落泪，因为“见到了宗山、宗堡”。常青稍稍放下心来。

2007 年 5 月，投资总额已达 4 800 万元的桑珠孜宗堡重建工程一期竣工，不少年长的藏民对着它焚香祝祷：“简直惊呆了——太像了，连窗洞都和当年一模一样呢！”

湛蓝的高原天空下，桑珠孜宗堡成了大受欢迎的新旅游景点。更重要的是，一段断裂的历史重新开始延续。作为西藏文化建设上的盛事，它的复原性重建无疑会载入史册。同济大学校长万钢调到北京担任科技部长后，还专程前往日喀则考察新建成的宗堡。

眼下，常青正在着手准备他的第六次西藏之行。

“小布达拉宫”的内部装修还在进行。按照既定的方案，桑珠孜宗堡将被建成日喀则地区以历史博览为主的“多功能文化综合体”，体现历史风貌和现代功能的融合。

附录四 复活的宗山[①]

不久前，一位家住昂仁县的藏族阿妈搭车去日喀则，一路打盹，司机把她从睡梦中摇醒，告诉她日喀则到了。朦胧睁开睡眼，一座酷似布达拉宫的建筑凸显眼帘，老阿妈惊呼："我去日喀则，不是去拉萨！"引来满车哄笑。同行人告诉她，这里就是日喀则，眼前这座"酷似"布达拉宫的建筑并非布达拉宫，而是修复后的宗山。

老阿妈的"错觉"并不突兀，事实上，1968年宗山建筑拆除以前，关于日喀则宗山与布达拉宫这两座外形极其相似的城堡，谁是原创？谁是克隆？一直争议不断。在拉萨与日喀则各自代表的前后藏势力相互博弈的历史背景下，此种争执早已背离了基本史实的考索，而流于民间层面的"意气之争"，并最终以民间故事的形式强化呈现：

据说，当年布达拉宫建成后，后藏的人很是羡慕，也想仿照建一个，于是就派工匠去看样子。

那个人骑马到了布达拉宫，拿不到图纸，就把造型刻在萝卜上，回来后按照萝卜的样子建设了宗山。没想到样子却变小了，为什么呢？那是因为西藏气候干燥，从拉萨骑马赶到日喀则，萝卜已经缩水干瘪了。

类似"风干萝卜"的故事类型，还发生在后藏的另一座宗堡——江孜宗山身上，大意如上。有意思的是，在日喀则宗山脚下，当地人还向我们诉说了另一个寓意完全相反的"风干萝卜"，从他颇有些愤愤不平的间断叙述中，我们明白了他想表达的意思：布达拉宫是翻版，宗山才是原型！

在"拉萨中心论"的叙述语境下，日喀则版的"风干萝卜"自然无法流行，并最终缩变为一隅的传说。然而，细心检索史料，我们尴尬地发现，当地人看似几分自负的固执，却不经意间指向历史的真实——布达拉宫极有可能是日喀则宗山的翻版！今天我们看到的布达拉宫，早已不是吐蕃王朝时期的旧貌，而是五世达赖喇嘛时期两次"修复"而成；宗山（严谨的称呼应该是桑珠孜宗，也即后来的日喀则宗）则修建于1358年，年代比布达拉宫早了约三个世纪，五世达赖喇嘛在决定"修复"布达拉宫以前，曾在宗山居住过，拆除前的宗堡还留有他的两间寝室。1642年，固始汗将五世达赖喇嘛迎请至日喀则，把刚夺取的政权交付予他，建立了原西藏地方政府。

---

① 魏毅．复活的宗山[J]．西藏人文地理，2010(3)：20-21.

考虑到日喀则宗山在历史上也经历过类似的“修复”（1922 年开始，为期 3 年），我们尚不能断言究竟谁是翻版。因为 1922 年以前宗山的模样尚无照片印证，已发现的证据只有 17 世纪初某位传教士“建筑风格与葡萄牙城堡极为相似”的模糊记载，外加 19 世纪末印度人达斯留下的一幅手绘图。

争执继续，记忆的载体却无影无踪。1968 年，宗堡在“文革”的狂热气氛中被拆除，荒凉的宗山成了日喀则孩童嬉戏和故人凭吊的场所。直至 2005 年，由上海市政府投资援建，同济大学设计的日喀则宗山博物馆开工，标志这座有着 600 年历史的古堡重现新生。如今，宗堡的外观已经“修旧如旧”，俨然成为日喀则城区一处新兴的地标。

历史建筑的“修复”通常被看作亚洲民族特有的“癖好”，并饱受非议，近年来层出不穷的“假古董”确实让人有些不伦不类的感觉。然而，非议并未禁锢设计师的思维，在宗山这样兼具历史地位和现实意义的地标性建筑，仅仅是整理废墟性的保存，还是修旧添新式的延续？作为宗山修复的设计者，同济大学建筑系主任常青教授选择了后者，使我们惊喜地看到了另一种意义迥然的“修复”，看到了在修补记忆断裂之外超越历史的可能，我们期待它的复活。

后记

2004 年初，笔者主持的外滩九号“轮船招商总局大楼”修缮工程刚刚竣工，就接受了上海市政府对外合作交流办公室关于西藏日喀则宗山复原工程设计主持的重任。同济大学校方对该项工程极为重视，设计院上下动员，将之作为当年全院头号工程看待，组成了以上海市委副书记王安顺、同济大学党委书记周家伦为顾问，副校长陈小龙、建筑设计研究院院长丁洁民、副院长王明忠、校基建处处长高欣等为核心的专家领导小组，以及笔者领衔的方案设计组，制定了工程实施的方针和关键步骤，并在高寒缺氧的 4 月天组团奔赴日喀则基地现场踏勘调研。返沪后，设计团队即在 3 个月内完成了两套设计方案，于当年通过了全国专家论证会的项目评审及报批程序。在此后的 6 年时间里，同济大学建筑设计研究院先后完成了实施方案的调整、扩初及施工图设计，并作为上海市代理甲方，配合了该工程各个阶段的施工过程。工程设计先后获上海市建筑学会优秀设计奖、教育部优秀工程勘察设计一等奖、全国优秀工程勘察设计行业奖一等奖等，2015 年获亚洲建筑界最高奖——亚洲建筑师协会建筑金奖。此外，工程设计尊重历史、兼顾现实的设计理念和实施策略，也受到了国际建筑界和遗产保护界的关注，应邀参加了美国麻省理工学院（2009）、意大利米兰三年展（2012）和澳大利亚悉尼大学（2014）等国际专业平台的同济大学设计作品展出，均获得了热烈反响。

在工程设计和实施的全过程中，得到了许多有关方面人士的参与和帮助。上海市政府援藏援疆领导小组办公室负责人胡雅龙等，有关方面负责人方城、夏红军、江明，以及同济大学李滇教授等，参加了交流协调或前期调研活动。同济大学姜富明副书记等也对项目开展给予了热心支持。西藏自治区日喀则原地委书记洛桑，上海援藏历任领导尹弘、赵福禧、赵卫星等，对项目启动和进展均给予了充分的关注和指导。日喀则原政协副主席阿沛·阿旺久美、地区原副专员兼发改委主任旺堆，以及文化局原副局长李仲谋等，对调研和现场工作给予了直接的帮助。全国专家评审组的黎陀芬总工、卢济威教授等对设计方案给予了鼓励和指导。特别需要提及的是，文史爱好者拉萨警员边巴次仁，以及同济大学建筑系毕业生丹增康卓等藏族朋友，对本书材料的搜集、翻译和研究，给予了真诚的帮助。本书附录中还收录了《人民日报》姜泓冰女士和《西藏人文地理》杂志刊载的魏毅先生关于宗宫复生的记述文章。在本书编辑过程中，得到了刘雨婷博士和祝东海、王昕等专业编辑的倾力协助，李颖春博士对英文部分进行了译校，吴雨航、刘涤宇、巨凯夫、赵英亓、侯实、刘思远、孙新飞等补充和绘制了部分插图。此外，该工程的顺利完成，还应归功于四川省和日喀则地方施工单位等工程协作方的实质贡献，谨在本书付梓之际，一并致以衷心的感谢！

作为国家自然科学基金资助项目的相关课题（51178312），特此向国家自然科学基金委员会鸣谢！

图书在版编目（CIP）数据

西藏山巅宫堡的变迁：桑珠孜宗宫的复生及宗山博物馆设计 / 常青著. -- 上海：同济大学出版社,2015.12

ISBN 978-7-5608-6144-9

Ⅰ. ①西… Ⅱ. ①常… Ⅲ. ①喇嘛宗－寺庙－修复－西藏 Ⅳ. ①TU-87

中国版本图书馆CIP数据核字(2015)第310490号

西藏山巅宫堡的变迁——桑珠孜宗宫的复生及宗山博物馆设计
常青 著

责任编辑 江岱　　责任校对 徐春莲　　装帧设计 王昕

出版发行 同济大学出版社 www.tongjipress.com.cn
（上海市四平路1239号 邮编200092 电话021-65985622）
经　销 全国各地新华书店
印　刷 上海安兴汇东纸业有限公司
开　本 787mm×1092mm，1/12
印　张 12.667
印　数 1—2 100
字　数 319 000
版　次 2015年12月第1版　2015年12月第1次印刷
书　号 ISBN 978-7-5608-6144-9

定 价 150.00元